オキナワ島嶼《しょ》戦争

――自衛隊の海峡封鎖作戦

目　次

第4章 「島嶼防衛」作戦の様相 113

第5章 新防衛大綱による島嶼への増強配備 142

［註］
・本文では「東シナ海」を国際水路機関発行の『大洋と海の境界（第3版）』の記述に基づき、「Eastern China Sea」＝「東中国海」と表記した。
・奄美海峡、与那国水道という正式名はないが、便宜上、そのように表現した。
・表紙カバー写真は、富士総合火力演習（2016年）での「島嶼防衛戦」演習である。

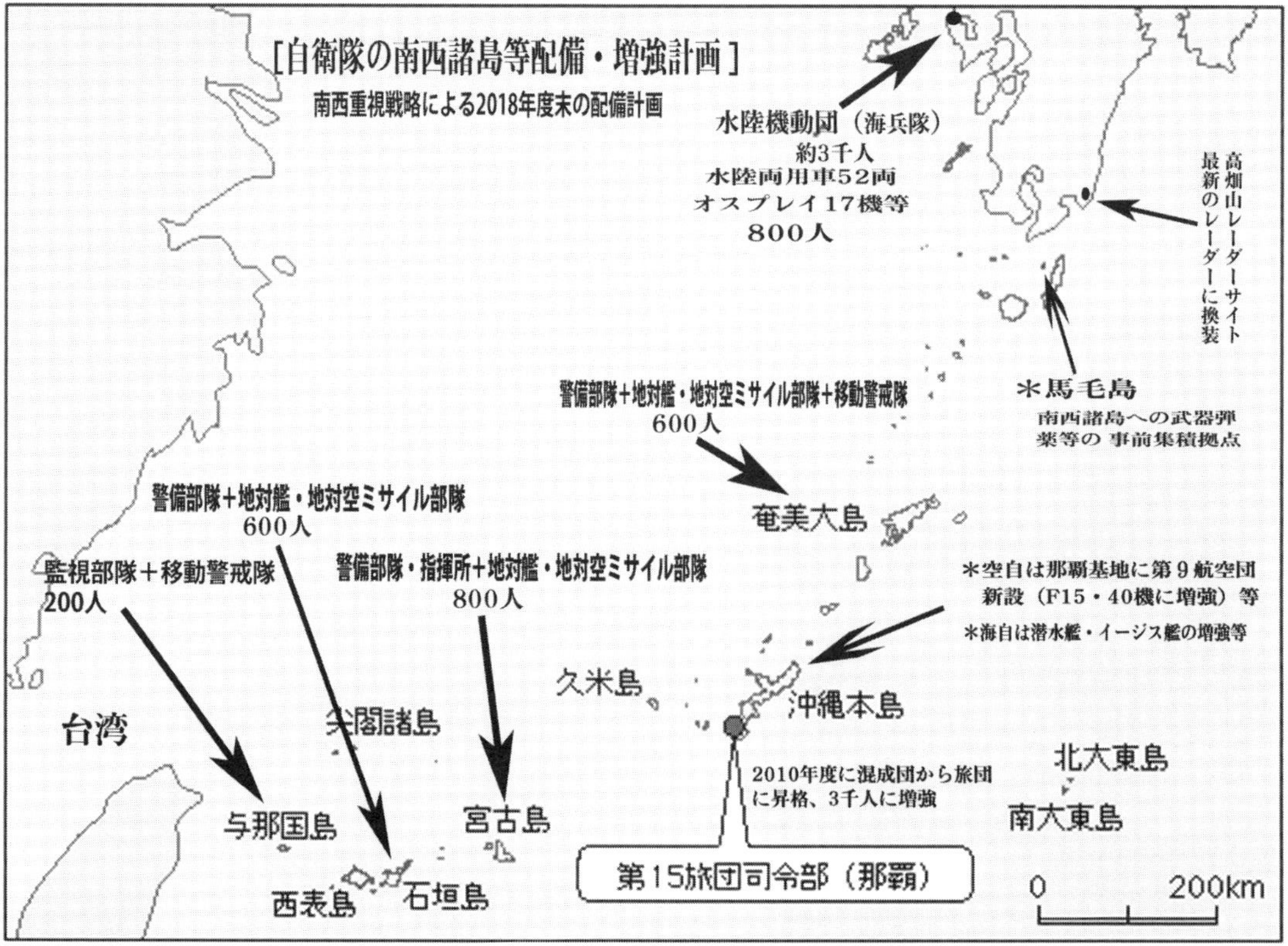
[自衛隊の南西諸島等配備・増強計画]
南西重視戦略による2018年度末の配備計画
水陸機動団（海兵隊）
約3千人
水陸両用車52両
オスプレイ17機等
800人
高畑山レーダーサイト
最新のレーダーに換装
＊馬毛島
南西諸島への武器弾薬等の 事前集積拠点
警備部隊＋地対艦・地対空ミサイル部隊＋移動警戒隊
600人
奄美大島
警備部隊＋地対艦・地対空ミサイル部隊
600人
警備部隊・指揮所＋地対艦・地対空ミサイル部隊
800人
監視部隊＋移動警戒隊
200人
＊空自は那覇基地に第９航空団新設（F15・40機に増強）等
＊海自は潜水艦・イージス艦の増強等
久米島
沖縄本島
台湾
尖閣諸島
北大東島
2010年度に混成団から旅団に昇格、3千人に増強
南大東島
与那国島
宮古島
第15旅団司令部（那覇）
0
200km
西表島
石垣島

プロローグ

先島諸島への調査と交流の旅

私が与那国空港へ降り立ったのは、夏真っ盛りの２０１６年8月18日のことだった。本当は、石垣島からフェリーに乗り、船旅でのんびりとしたかったのだが、石垣島から与那国島へは、船は週2便しかないので諦めることにした。

石垣島からの空の旅は、約30分、眼下に西表島などの島々を眺めながらの楽しい空の旅になった。というのは、この石垣発の飛行機は、50人ほどの座席しかないプロペラ機で、あまり高くない高度をゆっくりした速度で飛んでいるからだ。この季節には必ず訪れる台風も、今年は先島諸島には到来せず、天気も上々、心配していた「基地調査」も可能だろうと一安心する。

空港から宿へ到着すると、ほどなくして「与那国島の自衛隊誘致に反対する住民の会」の山口和昭さんと京都の山田和幸さんが、訪ねて来られた。基地調査の案内をしてもらうためだ。

宿泊先の祖納地区は、与那国島で一番大きな集落だが、ここから自衛隊駐屯地に向かうに

餌場を奪われた与那国馬たち（与那国駐屯地前）

は、島を縦断して南に行かなくてはならない。島の縦断と言っても、与那国島は東西約10キロ、南北約4キロしかないのですぐに南海岸に出てしまう。

その南海岸のビーチに沿って少し行くと、たちどころに道路脇に自衛隊の敷地を囲む鉄条網が延々と続く。その鉄条網の途切れたところの、山の手の大地を切り崩したところに自衛隊の庁舎などが突然現れる。

ところが、そのビーチに沿う道路には、至るところに野生馬が群れをなして歩いている。私たちは、その群れにぶつからないように車をゆっくりと走らせているのだが、馬たちは、あたかも私たちに向かってくるかのような構えだ。そうだろう。馬たちは怒っているのだ！

もともとこの土地は、南牧場と言って与那国馬《よなぐにうま》の放牧場であった。この天然記念物である与那国馬にとって、突如始められた自衛隊基地建設の大工事は、自分たちの生存を脅かす暴挙だ。

現在、建設中の駐屯地の一帯も、彼らの豊かな餌場であったはずだ。餌が不足しているのかどうか分からないが、もともと大人の背丈よりも低い、小さな与那国馬が一段とやせ細って見えた。

後日、知人が数年前に与那国島を訪れたときの馬の写真を送ってくれたが、この堂々とした躯の与那国馬が、今の与那国馬と同じ馬とは信じられないくらいだ。

与那国島には、この他にも島の東端・東牧場に与那国馬たちが放牧されている。

巨大な弾薬庫が造られた与那国駐屯地

この馬たちの歩いている道路の側から、台地上に建設中の自衛隊基地（与那国駐屯地）を眺めて、私は本当に驚いた。予想していたよりも、はるかに巨大な基地だったからだ。

私は、航空自衛隊（以下、空自という）のレーダーサイトの勤務経験があるから、この与那国沿岸監視隊の駐屯地は、任務からしてもほとんど同規模の駐屯地だと想像していた。しかし、海岸に沿った道路から延々と続く鉄条網に囲まれた敷地、山・丘を切り崩して造られている幾棟にも及ぶ隊庁舎など、空自レーダー基地の5倍はありそうな基地である。

しかも、建造中の基地の西端には、土を大きく盛った一見して分かる弾薬庫が造られているが、この弾薬庫の巨大さにも驚かされた。与那国島住民たちには、「保管庫」として誤魔化されているこの弾薬庫は、明らかに「沿岸監視隊」だけの弾薬庫ではない（後述）。

出来たばかりの与那国島駐屯地の調査を通して、もう1つ明らかになった事実がある。ほとんどのメディアでは、与那国沿岸監視隊は、２０１６年3月28日付の開隊式で「運用開始」と報道された。だが、この本部庁舎を見ても、この後訪れた久部良《くぶら》地区に置かれた対空レーダー、

与那国駐屯地の巨大な弾薬庫

与那国駐屯地インビ岳の対艦レーダー

インビ岳に置かれた対艦レーダーなども、運用開始どころか工事の真っ最中なのだ。しかも、インビ岳の巨大なレーダーなど5基が並ぶ基地の入口は、工事中のためか出入りは自由、警備の隊員は1人もいない。

間違いなく、この3月の開隊式で自衛隊が与那国沿岸監視隊の「運用開始」を謳ったのは、この年の年度内に宮古島・奄美大島の用地買収を完了し、自衛隊基地建設の「既成事実化」を謀るためであった（これらの島への用地買収費は、防衛省の2016年度防衛費に計上）。

つまり、先島諸島での部隊の始動

を宣言したかったという思惑であろう。地元住民たちの厳しい抵抗にあい、行き詰まりつつある宮古島・石垣島などの自衛隊基地建設に焦った結果だ。

国境の島・与那国島は、東京からは約1900キロ、沖縄本島からは509キロと遠く離れているが、お隣の台湾までは約111キロと非常に近い。晴れた日には、台湾が見えるという島の西端の西崎《いりざき》からその水道を見ていると、ときおり中国に向かう大型商船が通過する。

いわば、この与那国島の西水道・東水道、宮古海峡・奄美海峡・大隅海峡を通過する中国の艦船・軍用機だけでなく、民間の商船をも封鎖するというのが、自衛隊の先島諸島などの配備の唯一の目的なのだ（与那国島の水道名は、正式名称ではない。また奄美海峡も同様）。

住宅地に隣接した宮古島の巨大レーダーサイト

与那国島での調査と住民らとの交流を終えて、私が次に向かったのが宮古島の自衛隊配備予定地の調査だ。

ここでは、宮古島の自衛隊配備に反対するママさんたちの会、「てぃだぬふぁ　島の子の平和な未来をつくる会」の石嶺香織さん、石嶺さんらとともに行動されている斎藤美喜さん、映画監督の三上智恵さんらに同行していただき、調査することになった。

宮古島の陸上自衛隊（以下、陸自という）配備予定地を調査する前に、その配備予定地の近くにある空自のレーダーサイトに案内してもらった。この日、レーダーサイトの案内を特にしてくださったのは、この基地の前の野原部落に住む仲里成繁《せいはん》さんである。地元に住んでおられる関係上、このレーダーサイトを仲里さんは長年の間、観察されてきたようだ。

そして、私が宮古島レーダーサイトの調査をしようとするのには、もう1つの理由があった。というのは、宮古島分屯基地に建設中の新レーダーは、明らかに陸自のミサイル部隊と統合運用する予定の、最新式のレーダーであったからだ（後述）。

ここでも私は、このレーダーサイトを一目みて非常に驚いた。それは、私がかつて勤務してきた佐渡や大湊（青森県むつ市）のレーダーサイトと比べて、はるかに巨大な施設であった。敷地の規模も、施設の規模も、その何倍もある。仲里さんにレーダーサイトが間近に見える丘に案内して貰ったが、その公園前には5年ほど前の宮古島レーダーサイトの写真が張ってあった。写真ではこのレーダーサイトは、かつてはほとんど佐渡などと同規模の大きさであったことが分かる。つまり、ここ数年でレーダーサイトは、巨大化したのである。

宮古島レーダーサイトを見て、もう1つ驚いたことがあった。このサイトは、野原岳という

民間居住地の真ん前に設置されている宮古島レーダーサイト

わずか数十メートルの台地の上に設置されているのだが、サイトから住宅地までの距離がわずか数十メートルしかないのである。つまり、レーダーの真ん前に集落があるのだ。

本来、レーダーサイトは、住民の電磁波からの影響を避けるため、高い山の頂にある。例えば、私の勤務した青森県の大湊レーダーサイトは、約878メートルの釜伏山山頂にあり、佐渡レーダーサイトは、約1千172メートルの金北山の山頂に設置されている。その山頂からの住民の居住する地域への距離は、およそ5～10キロ以上は離れている。

さらに、宮古島レーダーサイトでは、旧式のレーダーに替わり、最新式のレーダー2基（遠距離用・近距離用）が建設中であり、今年度中には運用が開始されるという。問題は、この最新式のレーダーの大きさや出力からして、住民らへの電磁波の影響は計り知れないものになるだろう。

ところが、この重大問題について、近くの野原部落の住民たちには、何も知らされていない。

また、この野原部落のすぐ南には、宮古島市が受け入れを表明した陸自の配備予定地である千代田部落があるが、レーダーサイトから千代田部落までの距離は約1・5キロしかない。しかも、野原岳は高さがほとんどないから、住民は電磁波の影響を正面から直接に受けることだろう。

宮古島は、アジア太平洋戦争下の日本海

宮古島レーダーサイトの正門

軍が、飛行場を3本も造ったというほどの平らな土地だ。レーダーサイトの設置された野原岳を除いて、山らしきものがほとんどない。その宮古島において、北部から東側、つまり、宮古海峡に向き合う海岸地帯は、珊瑚礁で出来た低い台地が延々と続く、起伏が激しい場所だ。

2016年9月、防衛副大臣が来島して、正式に撤回するまでは、この東海岸に近い大福という牧場が陸自ミサイル部隊の駐屯地として予定されていた。なるほど、現地を実際に見てみると、この宮古海峡側の海岸一帯は、宮古島の中では地形という意味でも、戦略的要衝という意味でも、ミサイル部隊には適地だろう。

この一帯であれば、予定していた地下司令部も、ミサイル弾薬庫、事前集積所も、地下深くに造ることが可能だろう。しかも、この海岸線は、敵の上陸には適さない数十メートルの断崖が続いている。

しかし、防衛省・自衛隊は、この大福牧場周辺については、市当局からの強い要望により基地建設を諦めざるを得なかった。というのは、この場所は宮古島の重要な水源地であることが明らかだったからだ（宮古島には川がなく、市民の水源は地下の水がめに頼っている）。だが、大福牧場の周辺一帯を諦めたとはいえ、自衛隊はミサイル部隊、そして事前集積拠点、地下司令部を築くために、今後もこの宮古島の東部海岸地域を確保することに必死となるだろう。

自衛隊が特に宮古島を重視し、その司令部機能を含む軍事拠点として位置づけるのは、この島の歴史と現在にあるといえよう。宮古島は、戦前、日本海軍がおよそ3万人の部隊を配置し、3つの飛行場を設置して島嶼防衛作戦に備えていた（後述）。島の地形が、軍の飛行場建設に適していたからである。そして現在もまさしく、戦闘機・輸送機などの使用に適した2つの巨大空港を兼ね備えているからだ。

野原のレーダーサイトを後にして、翌日、私たちは、下地島空港の調査に向かった。宮古島の西、造成中のパイナガマ・ビーチから伊良部《いらぶ》島・下地島には、伊良部大橋という最近開通した橋が、海の上に架かっている（2015年1月開通）。

橋の全長は3千540メートル、客観的に見るならこの橋は、下地島空港へのアクセスためとしか考えられない。つまり、下地島空港の軍事利用、日米軍の軍事空港用として建設されたのではない

下地島空港に繋がる海上道路・伊良部大橋

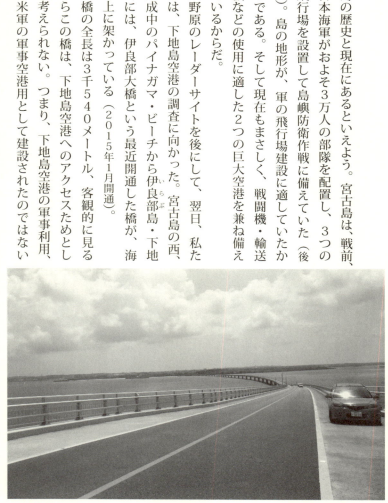

か。

この橋を渡って、伊良部島を通過し、その西に見えるのが下地島空港だ。かつて民間のパイロット養成のために造られた飛行場は、その仕事がなくなり飛行機はまったく飛んでいない。下地島飛行場は、3千メートルの滑走路を有するなど、先島諸島の中でももっとも大きな空港設備を備えているから、日米の軍が狙わないわけがない。最近でも、2005年の伊良部町議会での、空港への自衛隊誘致決議（その後、白紙撤回決議がなされる）をはじめ、何度も住民への工作が行われているのだ。

しかし、下地島空港は、1973年の開港時には、政府と沖縄県の間で「軍事使用をしない」という取り決めが結ばれている。だが、その取り決めを覆そうとする動きは、おそらく、自衛隊の先島諸島配備が始まる中で、一段と強まることは疑いない。

山に囲まれた石垣島

宮古島は、山らしき山がまったくない島だが、石垣島は一転して島の全体に山地が広がり、河川も豊富な、起伏に富んだ島だ。

私は、石垣島での交流会が始まる前の時間を利用して、「石垣島への自衛隊配備を止める住民の会」の方々に、自衛隊配備予定地を案内してもらうことになった。同会の共同代表の上原秀政さん、事務局次長の藤井幸子さん、事務局員の東山盛敦子さんが案内してくださった。上原さんはお医者さんだ。昼間から、お医者さんの運転される車での移動は恐縮だが、上原さんは生粋の石垣島出身で、島の歴史も地理もよく知られる方であった。

防衛省発表の、石垣島での自衛隊駐屯の予定地は、平得大俣《ひらえおおまた》地区という島の中央部に位置する場所である。この位置がよく見える、高い地点から観察するということで、バンナ岳から少し入ったところにある「わたり鳥観察所」という場所から見ることになった。

観察所からは、石垣島の四方がほとんど見渡せるいう景勝地でもある。なるほど、ここから見ると、配備予定地という平得大俣地区の、市有地とその周辺の農地・農家がよく見渡せる。予定地の平得大俣地区は、横に長く広がる山地の麓にある。その麓からは、農家や畑が一面に広がっている。そして、この山地は北側に連なる山々の1つである。その奥が石垣島最高峰の於茂登岳《おもとだけ》だ。

この地点から観察すると、自衛隊が平得大俣という場所を駐屯地に選んだ理由が分かる。つまり、将来の島嶼防衛戦に備えるためには、ここは軍事的には最適地であるということだ。石垣島に配備される予定の部隊もまた、ミサイル部隊が中心である。実戦では、この部隊はミサイルの発射後、その位置情報を絶えず秘匿しなくてはならない。そのための車載ミサイルであ

石垣島駐屯地予定地の平得大俣地区

るが、しかし、移動する車載ミサイルといえども、いくら偽装して島内中を移動したとしても、優秀な衛星レーダーから逃れることは難しい。だからそのためには、アナログ戦術であるが、ミサイル部隊の地下トンネル内の移動がもっとも生き残れる作戦だ。

北朝鮮を見ても、中国を見ても、ミサイル部隊をはじめとする実戦部隊や司令部機能は、ほとんど地下に造られている。自衛隊が本気で「島嶼防衛」戦で生き残ろうとするには、この地下壕戦は必須となる。したがって、石垣島での自衛隊のミサイル部隊の配備は、この山地の活用を中心に形成されるであろう。

約1万人規模の南西諸島への新配備

後述するように、先島諸島――南西諸島に新たに配備され、増強される予定の自衛隊部隊は、当面の規模でも約1万人弱の大部隊だ。与那国島約200人、石垣島約600人、宮古島約800人、沖縄本島約2千人（増強の陸海空部隊）、奄美大島約600人、西部方面普通科連隊の旅団への昇格等部隊約4千人（旅団にプラスして、オスプレイ部隊800人と水陸両用車部隊が追加）等々である。この部隊に、すでに沖縄駐留の約8千50人の陸海空自衛隊が加わる（沖縄県の統計では、2010年現在の人員は6千300人。だが、2016年6月までのわずが5年間で空自の1千210人などが増加し、沖縄駐留部隊はここまで肥大化している）。だが、これらの部隊は、あくまで事前配備部隊であり、この部隊への増援、「緊急的かつ急速な機動展開」として3個機動師団・4個機動旅団が編成されつつある（2014年防衛計画の大綱）。つまり、島嶼防衛作戦においては、すでに約5万人以上を動員する戦争が想定されているのだ。

これらの大部隊の増強を、自衛隊はどのように捻出しようとするのか？　これは、新防衛計画の大綱や中期防衛力整備計画などを見れば明らかだ。一例を挙げれば、大綱では従来の戦車・火砲の約900両を、それぞれ約300両に削減するといい、北海道と九州を除いて戦車部隊はゼロにする計画だ。

つまり、現在、自衛隊が行おうとしているのは、自衛隊始まって以来の大再編であり、全国の部隊の南西諸島への大移動である。２０１５年の防衛白書は、「解説　陸上自衛隊創隊以来の大改革」と題して、以下のようにいう。

> 25大綱に基づく統合機動防衛力の構築のため、陸上自衛隊は実に壮大な改革に取り組んでいる。その目指すところは、厳しさを増す安全保障環境に即応し、事態に切れ目なく機動的に対処し得る陸上防衛力の構築である。これを実現するため、島嶼部に対する攻撃への対応を特に重視している。これは、平素からの「**部隊配置**」、侵攻阻止に必要な部隊の「**機動展開**」、島嶼部に侵攻された場合の「**奪回**」の3段階から成っている。「部隊配置」は、南西地域に沿岸監視部隊や警備部隊を配備すること、「機動展開」は、全国の師団・旅団の約半数を高い機動力や警戒監視能力を備えた機動運用を基本とする機動師団・旅団に改編すること、そして、「奪回」は、本格的な水陸両用作戦を実施し得る水陸機動団を新編することが計画されている。これらの部隊には機動戦闘車、水陸両用車、オスプレイ（V-22）などが導入される。……これらの取組の具現にあたっては、**従来にない隊員の大規模な全国異動**を必要とし、総じてこの大改革は、組織改革や制度改革のみならず、**隊員個人の覚悟に至る意識改革**までもが包含される、壮大かつ広範に及ぶものであり、陸上自衛隊は一丸となってこの創隊以来の大改革に取り組んでいる。」（ゴシック・傍点筆者）

問題は、防衛白書がこうもあからさまに記述し、新防衛計画の大綱や中期防衛力整備計画でここ10年以上にわたり大々的に記述されている、自衛隊の南西諸島大配備――大移動について、この事実や目的を、なぜメディアがまったく報道しないのか、野党は国会でなぜ追及しないのか、ということだ。この理由については本文で述べよう。

想定は「尖閣戦争」ではなく「海洋限定戦争」

このように、自衛隊の南西諸島への大配備計画を、メディアがまったく報道しない中で、右派メディアである産経新聞などは「尖閣戦争」を煽り、その「尖閣戦争」のための自衛隊の南西諸島の配備キャンペーンを繰り返している。

しかし、結論から言うと、この右派メディアのいう「尖閣戦争」は、民衆には分かりやすく、騙しやすい、単なる自衛隊の南西諸島配備を合理化するための、煽動でしかない。

事実、２０１０年の石原慎太郎――民主党政権の「尖閣国有化」により、日中関係の悪化が生じるはるか前の２０００年、自衛隊は大改訂された陸自教範『野外令』によって、初めて「離島防衛作戦・上陸作戦」を策定したのだ。そして、その後の２０００年代には、この新『野外令』に基づき、幾たびも自衛隊統合演習や日米共同演習などで、「島嶼防衛演習」を繰り返してきた。

つまり、先の防衛白書が言うように、自衛隊始まって以来の大改革を行ってまでして、急ピッチで推し進めようとしているこの南西諸島――先島諸島配備の目的は、中国の封じ込め――対中抑止戦略に基づくそれであるということだ。

２０００年策定の陸自教範『野外令』は、つまり、自衛隊の対中抑止戦略への転換は、遅ればせながらソ連崩壊後の、冷戦後の、生き残りをかけた自衛隊の大転換政策でもあった（１９９７年改定の、日米ガイドラインの策定も同様）。

この対中抑止戦略は、現在、具体的には中国軍の第1列島線・琉球列島弧への封じ込め、あるいは、中国の「A２・AD能力」（接近阻止・領域拒否）を封じるために、宮古海峡・奄美海峡などを封鎖するための戦略（東中国海の封鎖）であり、そのためには陸上部隊の「事前配置・緊急機動展開・奪回の3段階」の作戦構想（前述）という島嶼防衛戦が策定されている。言い換えれば、想定されているのは、この両海峡を中心とする、東中国海における海空自衛隊の制海権・制空権の確保をはかりながら、これと連動して陸自の島嶼防衛戦が行われるということだ。

これを米軍では、エアシーバトル構想――オフショア・コントロール戦略として提起されているが、後述するようにこれは「**海洋限定戦争**」（**東中国海戦争**）として具体化されている。

結論すれば、この想定される戦争は、先島諸島をめぐる、南西諸島をめぐる**自衛隊主体の戦争**としてあり、米軍、とりわけ沖縄駐留米軍の介入さえ極力避けようとして目論まれているのである。

だがしかし、この自衛隊の先島諸島――南西諸島への増強配備こそは、国境線への実戦部隊配置（前線配備）を意味するから、**中国への「戦争挑発」**として映るだろう。あの中国の尖閣国有化への対応を見れば、これは一見して明らかだ。

今、民衆の知らぬところで進行しているこの事態は、このように恐るべき状況だ。実際、2015年国会での、安保関連法制定の目的もここにあったのであるが、政府の巧みな世論操作に踊らされ、ほとんどの平和勢力は、これらを問題にさえしないという驚くべき無知をさらけ出してしまった。

自衛隊配備を拒む先島諸島住民

しかし、これらのメディアや「本土」平和勢力の対応にも拘わらず、与那国島・石垣島・宮古島・奄美大島の住民たちは、自衛隊新配備の発表以来、驚くべき創意工夫や粘り強さをもって、防衛省・自衛隊や地元自治体当局の、配備の実態隠しや、ひどい策略とたたかっているのだ。このたたかいの背景にあるのが、現在激しく攻防が続いている高江のたたかいであり、辺野古のたたかいだ。

そしてまた、先島諸島の住民たちのたたかいの根源もまた、あの沖縄戦の体験にあるといっていいだろう。沖縄戦が、沖縄住民への教訓としてもたらしたものは「軍隊は住民を守らない」という事実だ。

現実に、政府・自衛隊は、先島諸島などについて膨大な配備計画や作戦計画（3段階などの戦争計画）を提示しながら、その住民保護のための避難計画は、何ら示そうとしないし、作成するつもりもない。明らかに、自衛隊の想定する島嶼防衛戦争が勃発したとするなら、先島諸島などは「**標的の島**」となり、相互に何度も繰り返される島嶼上陸・奪回作戦により、まさしく「**一木一草**」**も残らない焦土**と化してしまうであろう。

こういう状況が目に見えているからこそ、今現在、先島諸島住民たちの必死の抵抗が続いている。そして、この住民・市民らの抵抗は、ますます広がることになるだろう。それは、辺野古への米軍新基地建設がそうであるように、沖縄戦体験の継承もさることながら、このクニの戦後の基地造りの歴史を見れば明らかである。

戦後の米軍基地の全ては、戦前の旧日本軍の基地が引き継がれたものであったが（沖縄の一部を除く）、自衛隊基地もまた、この米軍基地から引き継がれたものだ。つまり、このクニで戦後、軍事基地を新たに造るということは容易ではない、不可能とも言えるのだ。

その事実が、北海道・長沼に造られたミサイル部隊であり、茨城県の百里航空基地である。いずれも、基地建設反対の激しいたたかいになり、両基地とも自衛隊違憲訴訟にまで発展し

平得大俣の地元の自衛隊配備反対の立看板

ていった。百里基地の補助滑走路は、用地買収ができず、今なお「く」の字の形に曲がったままである（その敷地が「百里平和公園」として造られている）。

戦後の砂川闘争などの反基地のたたかい、三里塚をはじめとする反開発・反公害・反原発のたたかいは、1960年代から地域住民らの自治権・環境権などの権利擁護とともに、根強い民主主義・平和主義をこのクニの深層に造りだしている。この戦後培われた根源的な民衆の力を、自衛隊はまったく理解できない。とりわけ、沖縄戦体験に基づく、沖縄民衆の根源的平和主義の力を認識できないのだろう。

先島諸島への自衛隊配備を拒む根源的な力もまた、ここにあるのだ。

［参考］

＊琉球新報社説「陸自2万人配備　文民統制の根幹問われる」と報道（2010年9月22日付）

「防衛省は、陸上自衛隊の定員を現在の15万5千人から1万3千人も増やし、宮古島以西への部隊配備を視野に入れ、南西諸島を含めて2万人に増やすことを検討している。現在の沖縄本島の2千人規模の駐留を約10倍にする計画だ。（略）

周辺諸国との緊張をいたずらに高めることが自衛のためになるのか。計画がそのまま防衛計画大綱に組み込まれるならば、国家としての文民統制（シビリアンコントロール）の根幹が問われる危険な事態に発展する。

ソ連を脅威と位置付けた北方重視の陸自配備は、東西冷戦の崩壊によって転換を迫られた。米軍も同様だが、自衛隊も常に新たな脅威を意図的にアピールし、軍備増強を図ってきた。脅威を掲げ、沖縄への基地集中につなげる軍事優先の思考回路は変わらない。

90年代中盤以降、北朝鮮や中国を脅威と位置付けて西方重視を強調した上で、さらに南西諸島重視戦略に転換してきた。防衛省は2011年度からの新たな防衛計画の大綱と中期防衛力整備計画で島しょ防衛強化を前面に掲げ、宮古、石垣、与那国島に陸自配備を明記し、規模についても一気呵成《かせい》に増やすことをもくろんでいる。配備増強の前提となる「脅威」の実態について立ち止まって考えたい。（以下略、傍点筆者）。

第1章　先島諸島――琉球弧への大配備

弾薬庫を「貯蔵庫」と騙して造った与那国駐屯地

自衛隊が創設された1950年代、陸自の戦車が公式には「特車」として呼ばれていたことを記憶している人々は多いと思う。言うまでもなく、自衛隊は「軍隊」ではないという理由からこのような呼称にしたのだ。そして、今でも自衛隊は、国民的認知を得ようとして歩兵を普通科、砲兵を特科と呼んでいる。もっとも、「日本軍」を自衛隊と呼ぶのも同様である。

与那国島――先島諸島――琉球列島弧に配備され、配備されようとしている自衛隊もまた、驚くべき欺瞞工作を行いはじめた。与那国島では、弾薬庫は「貯蔵庫」と呼ばれている。もっとも、これは宮古島でも同じで、ここでも弾薬庫は「貯蔵庫」だ。

その証拠を示そう。次頁の「建物等計画概要」（沖縄防衛局配布・与那国島住民説明会資料）でも、次々頁の沖縄防衛局の与那国駐屯地「入札公告」でも、弾薬庫は「貯蔵庫」としてしか記載されていない。

（３）建物等計画概要

駐屯地・監視所（久部良）

建物名	構造	延べ面積	備考
庁舎	RC－2	約2,000㎡	
厨房・厚生施設・隊舎	RC－2	約1,500㎡	
隊舎	RC－2	約3,000㎡	
整備場A	RC－1	約400㎡	
整備場B	RC－2	約1,000㎡	
受電所	RC－1	約300㎡	
局舎	RC－2	約600㎡	
倉庫	RC－1	約1,000㎡	
訓練施設	RC－1	約500㎡	
燃料施設		1箇所	スタンド等
警衛所・哨舎	RC－1	約60㎡	
貯蔵庫施設	RC－1	約500㎡	
体育館	RC－2	約1,500㎡	
監視施設	RC－1	約700㎡	
鉄塔	H＝30m	1基	
グラウンド	全天候型400mトラック		
訓練場	芝張り		
空自レーダーパット	1基		
受水槽、浄化槽	各1基		
洗車場	大型車用、小型車用		

監視所（祖納）

建物名	構造	延べ面積	備考
監視施設	RC－1	約600㎡	
鉄塔	H＝20～40m	5基	

沿岸監視レーダー

移動式警戒レーダー

②

つまり、防衛省・自衛隊は、住民にとってもっとも危険なものと思われる弾薬庫の存在を隠しておきたいのだ。現実に、そこまでして隠蔽するのには、明確な意図と理由がある。

写真の「建物等計画概要」をみてほしい。ここには「貯蔵庫施設」５００㎡と明記されている。「入札公告」には、「貯蔵庫（A）（B）（C）」の合計４１２㎡が記載されている。

どちらが正確な寸法なのか分からないが、いずれにしても、「沿岸監視隊１６０人」の部隊にしては必要もない、かなり大きな弾薬庫である。目視では、写真に見るように道路側の一辺の長さは、およそ50メートルもある（10頁参照）。

筆者は、与那国島駐屯地の弾薬庫を一見して驚きを禁じ得なかった。というのは、この

入 札 公 告（建設工事）

次のとおり一般競争入札（政府調達協定対象外）に付します。
平成26年9月18日

支出負担行為担当官
沖縄防衛局長　井上　一徳

1　工事概要
(1) 工事名　与那国(26)駐屯地新設土木その他工事（５地区）
(2) 工事場所　沖縄県八重山郡与那国町内
(3) 工事内容　本工事は、沖縄県八重山郡与那国町内における、貯蔵庫等の新設に係る以下の土木工事等を行うものである。

【土木工事】
1. 造成工事（切土　約700m³、盛土　約18,000m³）
2. 舗装工事（ｱｽﾌｧﾙﾄ舗装　約2,000m²、ｺﾝｸﾘｰﾄ歩道　約70m²等）
3. 給水工事（水道配水用ﾎﾟﾘｴﾁﾚﾝ管　φ100　約140m等）
4. 雨水排水工事（硬質塩ビ管φ400　約30m、落蓋式U型側溝250他　約190m等）
5. 汚水排水工事（ﾘﾌﾞ付硬質塩ビ管　φ150　約14m等）
6. 法面工事（Ｕ型擁壁　約16m、箱型函渠　約13m、ジオテキスタイル補強盛土工　約15,000m²等）
7. 環境整備工事（森林表土利用工　約2,600m²等）
8. 取壊し撤去工事（仮設排水路・排水管撤去　約490m等）

【建築・設備工事】
1. 貯蔵庫(A)　新設　(RC－1/延べ面積　380m²)
2. 貯蔵庫(B)　新設　(RC－1/延べ面積　15m²)
3. 貯蔵庫(C)　新設　(RC－1/延べ面積　17m²)
4. 交付所　新設　(RC－1/延べ面積　32m²)
5. 哨舎(C)　新設　(RC－1/延べ面積　30m²)

【建築工事】
・防爆壁　新設　(RC造　一式)

なお、詳細については、特記仕様書による。また、ここに記載の内容が、特記仕様書等と異なる場合には、特記仕様書等を優先するものとする。

(4) 工期　平成28年１月31日まで
(5) 本工事は、入札時に「簡易な施工計画」を受け付け、価格と価格以外の要素を総合的に評価して落札者を決定する総合評価落札方式のうち、品質確保のための施工体制その他の施工体制の確保状況を確認し、施工内容を確実に実現できるかどうかについて審査し、評価を行う施工体制確認型総合評価落札方式（簡易・地域評価型）の試行対象工事である。

また、地域の優良企業を特定建設工事共同企業体の構成員として活用する試行対象工事である。

(6) 本工事は、資料提出及び入札等を電子入札システムにより行う工事である。

ただし、電子入札システムにより難いものは、発注者の承諾を得て紙入札方式に代えるものとする。

なお、紙入札方式の承諾に関しては沖縄防衛局総務部契約課に紙入札方式参加承諾願を提出するものとする。

(7) 本工事は、工事費内訳明細書の提出を義務付ける工事である。

沿岸監視隊は、航空自衛隊のレーダーサイトと部隊の規模にしても、人員にしてもほとんど変わらないからである。例えば、佐渡レーダーサイトの弾薬庫などは、10坪ぐらいのこぢんまりとした平屋で造られている。こういう部隊は、実戦部隊といっても、いわゆる技術系の部隊であり、弾薬なども拳銃や軽機関銃程度の小火器しか置かない。

なぜ、この沿岸監視隊という小部隊の弾薬庫が大きく造られたのか？　この理由は明らかだ。つまり、与那国駐屯部隊は、今後どんどん拡大していくということだ。

実際、与那国島に自衛隊配備が発表されたときの隊員の規模は、１００人ということであった。それが、２０１６年3月の開隊式には、１６０人に脹れあがっている。実際には、この人員に、すでに発表されている空自「移動警戒隊」約40～50人も加わるから、すでに２００人を超える部隊となっている。

だが、弾薬庫の規模からすれば、与那国駐屯部隊は、おそらく、千人を超える部隊が配備されることになるのは確実だ。すでに見たように、造られた弾薬庫は、沿岸監視隊・移動警戒隊という技術系の部隊のものとしては考えられないからだ。つまり、この後の海上自衛隊の部隊（以下「海自」という）や陸自の普通科部隊の配備も予定されるということだ。あるいはまた、宮古島や石垣島と同様、ミサイル部隊の配備も想定されているというべきだ。

自衛隊が、与那国島を先島諸島における最初の拠点部隊として位置付け、その拡大を図るには、明確な戦略上の理由がある。それは地図を見れば明らかだが、与那国島は尖閣列島から約150キロ、台湾まで約111キロと、日本の最西端の島であるだけでなく、中国海軍・中国民間商船隊が、東中国海から南中国海から出て行く戦略上の水路にあたる。また、その南中国海から、バシー海峡を通過し西太平洋に出て行く水路にもなっている。

つまり、与那国島は、その位置からして日本の「中国封じ込め政策」のための「戦略上の島」なのである。

現実に、与那国島西端からこの水道を眺めていると、数多くの中国商船が通過していく。いずれも大型の商船だ。

自衛隊がこの与那国島に部隊を配置しているのは、後述するように宮古海峡・奄美海峡と同様、「海峡封鎖作戦」を行うためである。だから、当然にも宮古島などと同じく、この海峡・水道をめぐる地上部隊の戦闘は避けられない。したがって、自衛隊がこの与那国部隊を、単なる沿岸監視隊程度の部隊に留めておくわけがないのだ。

すでに、与那国駐屯地に配備されたのは、西部方面情報隊（熊本市内の健軍駐屯地、2016年3月28日編成）隷下の第303沿岸監視隊であり、部隊は隊本部、通信情報隊、レーダー班、監視班、後方支援隊、警備小隊など160人からなっている。これに、空自の移動警戒隊が配

与那国島西部に造られた与那国駐屯地

備される予定だ。この部隊は、空自南西航空混成団隷下の第４移動警戒隊（那覇）であるが、現在、宮古島レーダーサイトが工事中であるためにそこに臨時派遣されており、おそらく宮古島レーダーサイトの工事が完成次第、与那国島に配備されるだろう。

さて、この与那国沿岸監視隊の任務であるが、防衛計画の大綱では「同島に沿岸監視部隊を配置することで、付近を航行・飛行する艦船や航空機の各種兆候を早期に察知することが可能となり、また、移動式警戒管制レーダーを展開することで、周辺を飛行する航空機などのより効果的な警戒監視が可能」と説明する。

つまり、具体的には、与那国島の東西の水道を通過・航行する中国の軍民の船舶の情報収集であり、また対空・対艦レーダーなどで船舶や航空機を24時間監視するための部隊だ。このために同島では、東のインビ岳（標高164メートル）にレーダーなど5基を、西の久部良岳《くぶら》（標高198メートル）に対空レーダー1基が設置されている。このインビ岳の施設には、中国軍の無線通信情報の傍受のための通信施設も置かれている。

ただ問題は、この部隊の任務である「海峡監視」という場合、当然にも、日本の戦略的海峡である宗谷海峡、津軽海峡、対馬海峡などの3海峡に配置されている沿岸監視隊や警備隊などの任務との関連が対比される。これらの部隊の対空・対艦の沿岸監視隊は、ほぼ同

与那国駐屯地正門、写真撮影禁止と!?

様の任務であるが、対馬海峡に配備されている対馬防備隊（海自人員２４０人）の任務の中には、対馬海峡を通過する潜水艦を探知する「水中固定聴音装置」（国会答弁による）や、海底に設置して潜水艦を探知する音響監視システムＳＯＳＵＳなどもあるからである。つまり、海峡監視の任務とは「対潜バリア」を設置して、対空・対艦だけでなく、対潜の任務という、もっとも重要な任務があるのだ。結論すると、与那国沿岸監視隊の任務には、与那国島の、東西の水道（宮古海峡なども同様）を上から監視するだけでなく、水中からも監視するという任務が、必然的に追加されるということだ（ただ、この部隊が配備されても、当局は住民には知らせることはない）。

［参考］

＊**陸自第３０１沿岸監視隊**……稚内・礼文島に配備され、宗谷海峡の警戒・監視が主任務。

＊**陸自第３０２沿岸監視隊**……標津《しべつ》に配備され、根室海峡の警戒監視が主任務。

＊**中部方面移動監視隊**……今津駐屯地（滋賀県）に配備され、方面管内の日本海沿岸監視が主要任務。

＊**松前警備所**……海上自衛隊の組織の１つ。大湊地方隊函館基地隊隷下にあり、津軽海峡対岸の竜飛警備所と対になり、津軽海峡を通航する艦船の警戒・監視。

＊**対馬防備隊**……佐世保地方隊の隷下に防備隊本部が置かれ、その傘下に壱岐、上対馬、下対馬の３か所に警備所。レーダー等を用い対馬近海・対馬海峡を航行する艦船の監視を行う（隊員２４０人）。また、対馬海峡には、海上自衛隊の水中固定聴音装置が設置（国会答弁による）。

＊移動警戒隊……車載式の移動警戒管制レーダー装備。レーダーは、J／TPS‐102を搭載したフェーズドアレイ・レーダー（固定式の板状のアンテナに無数の位相変換素子が配置されているレーダー）。部隊は、中継装置・統制車・電源車など車両12両、隊員約40人、炊事車・宿泊用2段ベッドをも装備する。
＊空自移動警戒隊……千歳基地、入間基地、春日基地、美保基地及び那覇基地に各1個隊が配置。

司令部・事前集積拠点が設置される宮古島

与那国と同様、いやそれ以上と言っていいが、宮古島でも自衛隊の住民を軽視した驚くべき策略が行われている。弾薬庫を「貯蔵庫」と言い換えるウソはすでに述べてきたが、2016年9月20日、宮古島市を訪れた若宮防衛副大臣は、「配備予定の千代田地域に火薬庫は置かない。今後も置く予定はない」と断言し、これに応えて宮古島市長は「弾薬庫を一切置かないというので安心した」と報道されている。

防衛省・自衛隊は、市民をここまで愚弄するのか。いくら軍事問題が分からずとも一般的常識で分かるだろう。陸自の歩兵部隊・ミサイル部隊が、弾薬庫もなしに宮古島に何をしに来るのか。市長もまた市長だ。この防衛省のペテンに進んで応じている。

この後の沖縄防衛局の住民説明で判明したのは、宮古島配備予定の陸自ミサイル部隊は、「現段階としてはミサイル弾体は配備せず、ミサイル部隊だけを配備する」（沖縄防衛局の宮古島・千代田地区説明会）ということだ。その「現段階としては」といういきさつになったのは、当初防衛省が計画した宮古島・平良西原地区の大福牧場の予定地が撤回に追い込まれたからだ。

　宮古島の、北東の海岸線に近い配備予定地が全面撤回されたのは、この土地、というよりも宮古島全域が、水がめのようになっており、特にここは市民の命とも言える大事な地下水流域界にあたるからだ。この意味で、宮古島市のどこに駐屯地を造ろうとしても、必ず地下水系の破壊に直面するということを防衛省は認識すべきである。

　さて、防衛省・自衛隊が予定したこの大福牧場の一帯には、当初どのような施設が造られようとしたか。防衛省が市当局に示した図面（第２次案）には、「貯蔵庫６棟」をはじめ、「覆道射撃場」（弾道全体が射屋に覆われた射撃場）「庁舎」などが明記されている（41頁の上図）。まずは、この貯蔵庫だが、ミサイル部隊の弾薬庫といえども６棟の「貯蔵庫」は多すぎるだろう。また、防衛省が市当局に示した第１次案（41頁下図）には、巨大な「貯蔵庫」が示されている。これには寸法は書かれていないが、見て分かるのは、「貯蔵庫」は、覆道射撃場やグラウンドよりもはるかに長く巨大だということだ。

　では、この「貯蔵庫」は何のために造られようとしたのか？　筆者は、この施設は弾薬庫だけでなく「事前集積物資」のため保管施設だと推定する。というのは、自衛隊の南西諸島配備計画の当初から、産経など一部の報道では、この事前集積拠点の建設が謳われていたからだ。

実際、こういう離島で多数の部隊が配備された場合、相当の弾薬・燃料・食糧・整備機材・医療機材などの補給品が必要とされるのは軍事常識である。一般には、このような兵站物資は一会戦分（1カ月）の物資が必要とされている。そして、後述するように、かつての島嶼防衛戦においても、このような事前集積拠点が必要とされ、置かれてきたのだ。

防衛省の2017年度概算要求では、「南西警備部隊に係る整備」として746億円が計上されている。これは、「島嶼防衛における初動対処態勢を整備するため、警備隊等の配置に関連する奄美大島及び宮古島の庁舎等の整備」とし、宮古島が351億円、奄美大島が395億円で、内訳は庁舎、整備工場、生活関連施設、燃料施設の4つが示されている。このように、先島諸島・宮古島への配備計画は、いよいよ重要な段階に至っている。

ここで、もう1つ重要な問題が、宮古島に配備される「司令部」である。すでに発表されている計画では、宮古島には800人規模の警備部隊とミサイル部隊を配備し、その中の約200人が指揮統制部隊（司令部）であり、その他では警備部隊（普通科）約350人、地対艦ミサイル部隊100人、地対空ミサイル部隊150人とされている（2015年9月6日発行の「宮古地区自衛隊協力会」パンフレット）。

この司令部とは、人員から推測出来るのは、ミサイル部隊の司令部であり、石垣島に配備さ

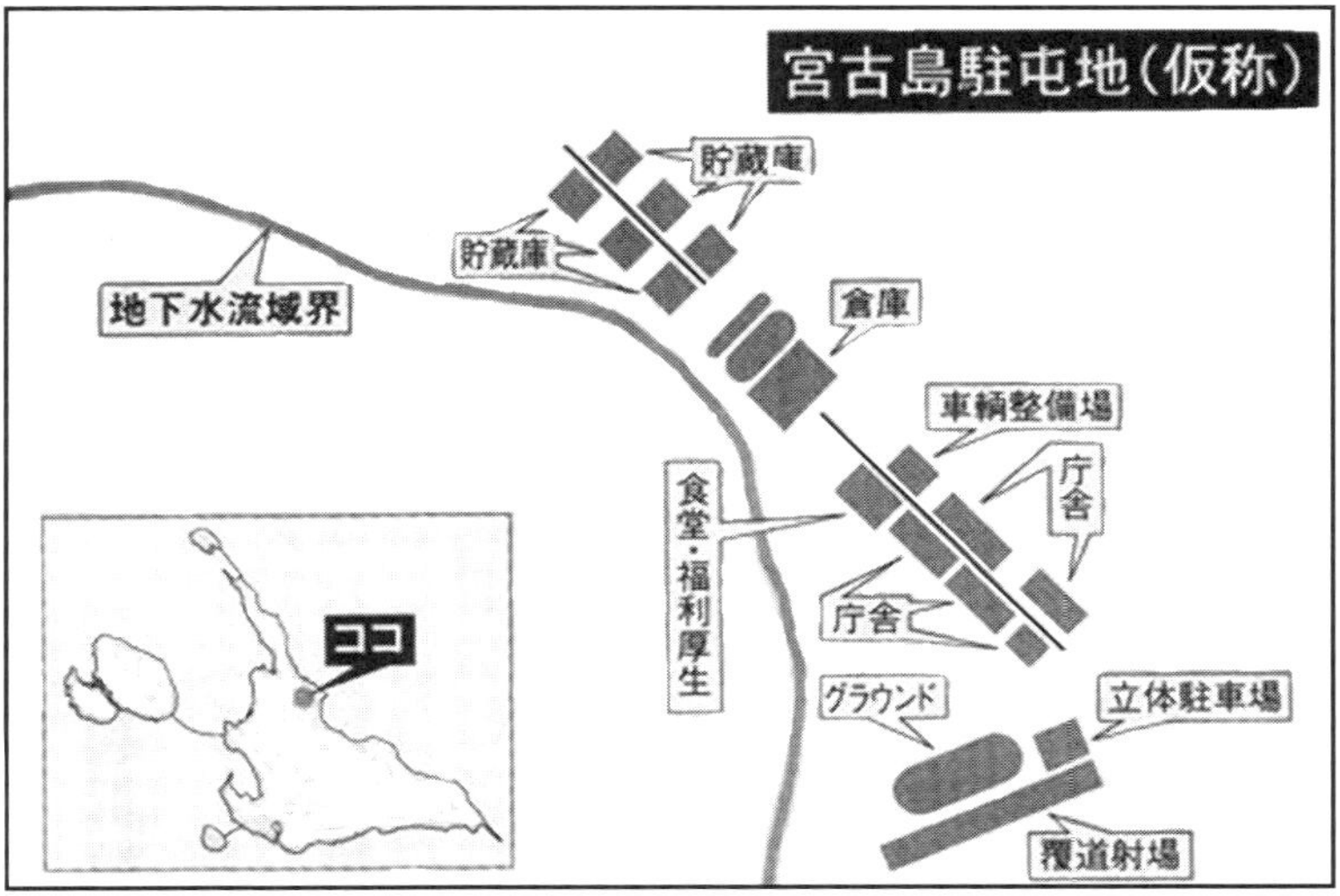
宮古島駐屯地（仮称）
貯蔵庫
貯蔵庫
地下水流域界
倉庫
車輌整備場
庁舎
食堂・福利厚生
庁舎
ココ
グラウンド
立体駐車場
覆道射場

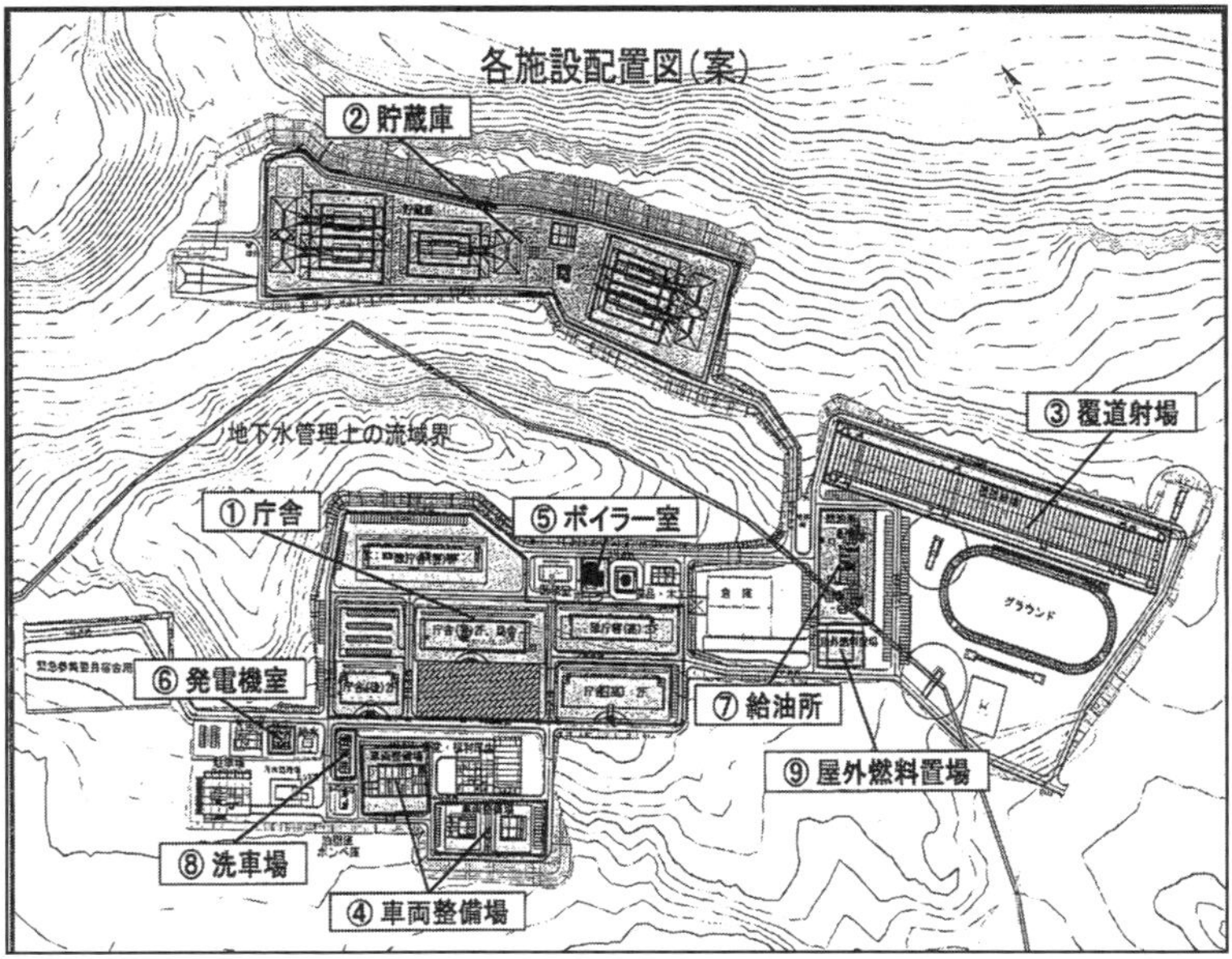
各施設配置図（案）
②貯蔵庫
地下水管理上の流域界
③覆道射場
①庁舎
⑤ボイラー室
グラウンド
⑥発電機室
⑦給油所
⑨屋外燃料置場
⑧洗車場
④車両整備場

れるミサイル部隊との統合運用が予定される中枢機能であろう（普通科部隊との統合司令部もまた予想される）。

司令部の配置は、当初は大福牧場地域とされていたが、現在では、宮古島中央部の千代田地域と発表されている。しかし、防衛省・自衛隊が当初、宮古島北東一帯をミサイル部隊の配備や司令部に選定したのは、すでに述べてきたこの周辺の地形にあった。この一帯は、全島が平坦な宮古島の中でも、起伏のある、地形にとんだ地域である。つまり、島嶼防衛戦という狭い地域での陸海空の激しい戦闘を考慮した場合、司令部機能は全て地下に造らざるを得ないということだ。もし、この司令部機能を地上に置いたとするなら、それは敵ミサイルや航空機による一撃で壊滅するだろう。

実際、イラク戦争において、イラク軍の地下司令部を破壊したとされる米軍のバンカーバスター（爆弾重量約2トン）は、コンクリートで約6メートル、粘土層では30メートル地下の破壊が可能とされている。

だが、今日まで本当の実戦を想定してこなかった自衛隊には、地下司令部はほとんどない。わずかに、防衛省内にある中央指揮所が地下施設としてあり、また日米共同の空軍司令部として横田基地に移転した空自航空総隊司令部が、地下に造られているだけである。だが、島嶼防衛戦の実戦態勢に入ろうとする陸自先島諸島部隊にとっては、新たな地下司令部設置は、その場所の確保も含めて躍起とならざるを得ない。したがって、一時的に諦めたとはいえ、防衛省・自衛隊は必ずこの北東周辺へのミサイル部隊配備（弾薬庫・事前集積拠点を含む）と司令部の配備場所の確保に必死になるだろう。

ところで現在、陸自の全国の地対艦ミサイル部隊では、５個のミサイル連隊が編成されており、そのうち３個は北海道に配備されている。この中の１個連隊は約４００人で、連隊は４個射撃中隊を編成する。また、連隊の本部管理中隊には捜索・標定レーダー装置12基とレーダー中継装置12基、指揮統制装置１基があり、各中隊本部に射撃統制装置が１基ずつ、各中隊に発射機と装填機が４基ずつで、ミサイル弾体は24発ずつが配備される。

宮古島東海岸一帯に広がる断崖

つまり、地対艦ミサイル連隊は、通常、連隊単位で１つのシステムとして運用され、本部中隊がレーダーで索敵し、指揮統制を担当、射撃中隊ごとに射撃統制装置が割り振られ、射撃中隊単位で展開し、射撃するということである。

また、陸自の地対空ミサイル部隊は、全国で方面隊隷下に第１高射特科群～第８高射特科群の８個群が編成されており、この中の例えば、第２高射特科群（千葉県松戸）には、４個の高射中隊が配備されている。この改良ホークの03式中距離地対空誘導弾（中SAM）を装備する部隊は、対空戦闘指揮装置、幹線無線伝送・中継装置、射撃統制装置、捜索兼射撃用レーダー装置、6連装発射機、運搬装填装置など、多数の装備で編成されている（北海道の第7高射連隊と沖縄の第15高射連隊のみが群ではなく連隊編成。また1個高射中隊は約100人で編成）。

このことから推測できるのは、先島諸島配備予定の対艦・対空ミサイル部隊は、宮古島、石垣島への各配備部隊が「連隊」などとして統合して運用され、その司令部が宮古島に置かれるということだ。

そして、このミサイル部隊の統合運用だが、この運用は同時に、海自、空自との統合運用としても行われる。というのは、ミサイル部隊が保有する車載レーダーは、電波の発射位置が低いこともあり、電波の捜索・探知距離が短い。

一般に、レーダーは、水平線の向こう側が死角となり索敵は不可能であるが、車載式は特にそうである。この場合、遠くの敵艦船に対しては、海自のP‐3Cなどの哨戒機から索敵情報を、遠くの敵航空機に対しては、空自のレーダーサイトからの索敵情報を得ることが必要になる。また、これらの統合運用は、索敵情報だけでなく、陸自の火力戦闘指揮統制システムと海自・空自の指揮統制システムがリンクした、統合運用を行うところにまで進められてきている。これにより、遠距離の敵艦・敵航空機に対しても、また多数の敵の目標に対しても、同時に目標

建設中の宮古島レーダーサイトの新型レーダーサイト２基

到達までの管制・誘導が可能になるのだ。

ここで注目すべきなのが、現在宮古島で工事中の空白の新型レーダーである。宮古島には、先島諸島では唯一空自のレーダーサイトがあり（第53警戒隊）、南西諸島の最前線の航空警戒管制を担っている。この最前線の宮古島レーダーサイトで、２０１６年度中に運用が開始されるのが、Ｊ／ＦＰＳ－７というフェーズドアレイ・レーダーである。

このレーダーは最新型というだけあって、対ステルスレーダーであり、探知距離２７０マイル（約５００キロ）、高度10万フィート（約3万キロ）の索敵範囲を有している。しかも、このレーダーサイトには、写真で見るように、近距離・遠距離用の2つの巨大レーダーが構築・配備される。

この近距離・遠距離のレーダーがどのように運営されるのか、最新式であって情報はまだほとんどない。しかし、すでに見てきたように、宮古島・石垣島配備予定の対艦・対空ミサイル部隊との統合運用が必至となる中、これらのレーダーが、ミサイル部隊とリンクされ、運用されるのは明らかだろう。

ところで、宮古島サイト配備の、J/FPS-7という最新型レーダーであるが、自衛隊のこの南西重視戦略を反映して、現在、沖永良部島レーダーサイト（鹿児島南端）、高畑山レーダーサイト（宮崎県最南端）においても建造中である。つまり、宮古海峡・奄美海峡・大隅海峡を、海からも空からも警戒監視し、封鎖する態勢が作られようとしているのだ。

宮古島レーダーサイトでもう1つ重視すべきものが、2009年度に設置された巨大な地上電波測定装置だ（16頁写真参照）。この装置は中国などで使用中の電波を傍受する、「電波傍受スパイ施設」とも言われる。これと同じ型の電波測定装置は、国内では根室・稚内・奥尻・背振山（佐賀県）の5箇所にしかない。北海道の施設は、もともと旧ソ連軍からの情報収集のためであり、背振山は北朝鮮、宮古島は中国の電波をそれぞれ傍受している。

かつて、この空自の地上電波測定装置は、大韓航空機撃墜事件を傍受したとも言われている

（１９８３年、旧ソ連が「領空侵犯」をしたとして撃墜）。いずれにしても、すでに２０００年代から、宮古島――先島諸島の軍事化は、着々と進行していたのである。

下地島空港の軍事使用による要塞化

さて、これら先島諸島の配備予定部隊はミサイル部隊だけが注目されているが、陸自の警備部隊という普通科部隊の任務も重視しなくてはならない。当面、宮古島に配備予定の普通科部隊は、約３５０人という規模が提示されているが、人員の増強は必ず行われる。

現在、「本土」の陸自普通科連隊の人員は、約千人弱となっており、人員不足を反映してか、現在ますます少なくなっている。そして、連隊を構成する中隊は、本部管理中隊を含めて5個中隊（6個から）に減らされ、その1個中隊の人員についても約１００人前後にまで減らされている。

先島諸島奪回作戦の主力と想定され、「海兵隊」として増強される予定の西部方面普通科連隊の人員も、現在は６６０人と非常に少ない編成だ。この連隊はまた、3個の中隊という少ない部隊で編成されている（連隊の規模としては小さい。この部隊が3千人の旅団として増強予定）。

となると、宮古島に配備予定の普通科部隊は、当面は約３５０人という規模が示されているが、その増強は必至であるということだ。そして、この歩兵部隊の任務は、単なるミサイル部隊の護衛や警備というのではなく、**単独で初動の島嶼防衛戦**を担うものとして配備されることは明らかだ（防衛計画の大綱の記述参照）。

初動の島嶼防衛戦を担うということから、後述するように配備される部隊は、近い将来、重火器や榴弾砲などの特科部隊を編成し、ヘリ部隊、機動戦闘車（105ミリ砲を有した装輪装甲車で、事実上の戦車）などを含む強力な陸上戦闘部隊として増強されることは疑いない。

下地島空港の滑走路

宮古島配備予定の部隊が、先島諸島の配備全部隊の統一司令部を担うとともに、この島が事前集積拠点としても予定されていることは、島が抱える2つの飛行場、とりわけ下地島空港がここに存在しているからだ。

下地島空港は、すでに述べたが宮古島から伊良部大橋を渡って、陸路での短時間の通行が可能となっている。特にこの下地島は、3千メートルの滑走路をもつ、沖縄でも最大の空港の1つである。

もともと1973年に民間のパイロットの養成場所として運

用が開始された空港は、現在ではその役目がなくなり、使用頻度が極端に少なくなっている。この点に目を付けたのが防衛省である。２０１１年、北澤防衛大臣（当時）は下地島を訪れ、下地島空港を災害支援拠点にするという構想を発表した。

現実には、北澤防衛大臣がそれを発表する以前から下地島空港の軍事利用構想は、たびたび唱えられていた。その地元の伊良部島では、２００１年から町議会で自衛隊誘致の決議がなされ、２０１１年ころからその動きは活発になってきた。しかし、この下地島空港の軍事利用に反対する島のたたかいもまた広がり、２００５年には町議会の誘致決議を覆すまでに発展している（２００５年「下地島空港の軍事利用に反対する宮古郡民の会」結成など）。

この住民らの反対運動の広がりの背景にあるのは、下地島空港を建設するにあたって「軍事利用をしない」という沖縄県と政府との取り決めである。これは「屋良覚書」と言われているが、１９７１年、日本政府と当時の屋良朝苗・琉球政府行政主席との間に交わされたものである。しかし、政府・自衛隊は、これを覆すことに必死となってきた。とりわけ、先の北澤発言にあるように、自衛隊の島嶼防衛構想が進展するにしたがい、その動きは活発となってきたのだ。

その理由は、明確だろう。自衛隊の島嶼防衛戦において、「事前集積拠点」としての宮古島の位置はもとより、後に述べる「緊急増援」「奪回」のための航空輸送拠点としても、この下地島空港は戦略的に重要な位置を占めるからだ。後述するように、陸自は航空輸送の可能な「機

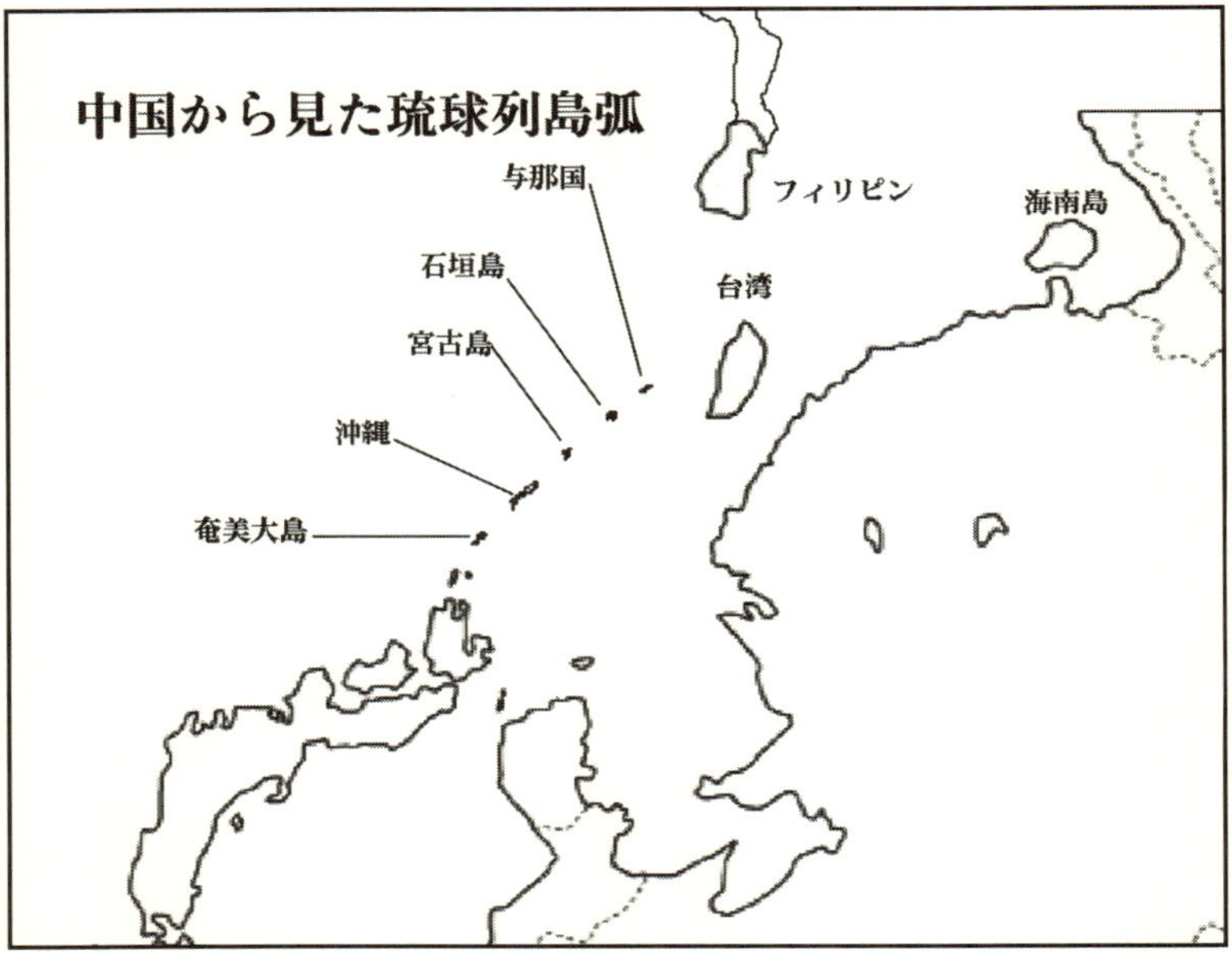

動戦闘車」まで開発し、配備の準備を始めている。つまり、この宮古島はミサイル部隊などの司令部、事前集積拠点などを含む、文字通り「要塞」として位置づけられているということだ。

事前集積拠点に建設に関して、『産経新聞』は以下のようにいう。

「現地に陸上部隊を迅速に派遣するため、先島諸島に輸送機の離着陸が可能な共同輸送拠点も設ける。具体的には、3千メートルの滑走路を持つ下地島空港（伊良部島・下地島）を利用する案が浮上している。

また、陸自は離島侵攻対処で九州の西方普通科連隊を含め西部方面隊（総監部・熊本市）などから約9千人を投入すると見積もっているが、先島諸島には弾薬や食料、燃料も常備されていない。このため、これらの「事前集積拠点」も設置する方針で、沖縄本島に近い宮古島が候補地に挙がっている」（２００５年１月３日付）

地下壕戦の戦場となる石垣島

２０１６年５月30日付『産経新聞』は、自衛隊の石垣島の配備について「2年前倒し宮古・奄美と同時進行」という記事を掲載。この産経新聞の記事に呼応するかのように、石垣島での防衛省・自衛隊の動きも活発化している。同年の５月25日には、防衛省沖縄防衛局の自衛隊配備の説明会が行われた。

この中で、沖縄防衛局は駐屯地の面積について、配備部隊が同じ宮古島の22ヘクタールを例示し、「大きくかけ離れることはない」と述べ、石垣島には約６００人の警備部隊とミサイル部隊を配備すると発表した。また、部隊の施設としては、庁舎・隊舎・火薬庫・射撃場・車両整備場・体育館・グラウンドなどを提示したのである。

しかし、ここで重要なのは、「火薬庫」と称する弾薬庫については、一般の普通科部隊の弾薬庫の図を示しているだけで、石垣島駐屯地（仮称）において、ミサイル弾体などを保管する弾薬庫を隠蔽していることだ（この説明会での施設図については、与那国駐屯地や高知駐屯地の施設を示すだけで石垣島で造る予定の施設図はない。筆者は沖縄防衛局に情報公開請求をしたが、石垣島駐屯地［仮］の「駐屯地建設業務計画書［自治体との協議書］」は存在しないという）。

すでに、宮古島での「貯蔵庫」と称するミサイル部隊の弾薬庫を見てきたが、石垣島においてもミサイル部隊を配備する予定であるから、このような大規模の弾薬庫は当然必要になるだろう。しかし、ここでもまた自衛隊は、住民たちを騙そうとしている。

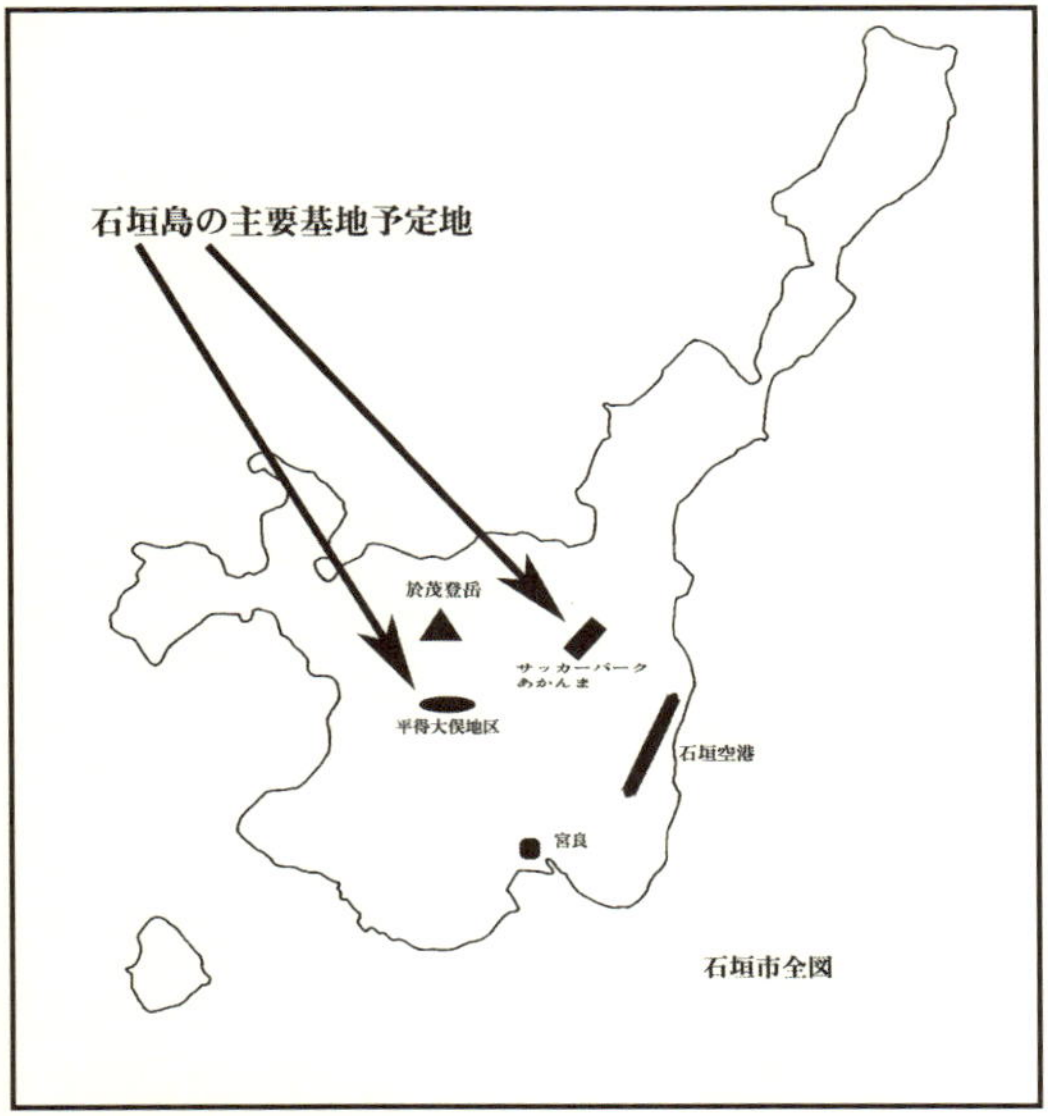

石垣島自衛隊の配備予定地

ところで、石垣島での自衛隊の配備予定地は、沖縄防衛局が明示しているのは、石垣島のやや西寄りの中央部に位置する平得大俣《ひらえおおまた》地区である（21頁写真）。この地域を配備予定地に選んだ理由について、沖縄防衛局は「軍事的視点があるので具体的な説明はできないが、配備先は平たんで十分な地積、標高が必要。地形的要件を考えた」と回答した。

すでにプロローグで述べてきたが、この平得大俣地区は石垣島の山々に連なる麓にある。背後には、石垣島の最高峰の於茂登岳が控えており、その岳の東側には1キロ以上もある長い於茂登トンネルもある。つまり、この石垣島部隊の配備予定地は、中国側からのミサイル攻撃を回避し得る絶好の位置にあり、同時に味方がミサイルを発射する場合、その位置を隠蔽できる場所にあるということだ。

しかも、現代の島嶼防衛戦は地下壕戦であるから、駐屯地の背後に無数の地下

石垣島の自衛隊のもう一箇所の配備先とされるサッカーパーク・あかんま

壕やトンネルを築けば、ミサイルの発射位置が相手に悟られることはないし、攻撃からも免れる。いわば、石垣島は宮古島と異なり、島嶼防衛戦にもっとも適した地形があるとして自衛隊が設定した場所というべきだろう。

沖縄防衛局は、この平得大俣地区から少し離れた、北東にある「サッカーパークあかんま」や石垣島空港北部の「カラ岳」周辺などにも部隊配備の予定地を求めているという情報もあるが、おそらく、平得大俣地区を中心に出来るだけ分散配備をしたいというのが本音であろう。つまり、この石垣島に基地をできるだけ多く確保したいということだ。いずれにしても、石垣島が宮古島と同じように「要塞島」化するのは歴然としている。

後述するが、自衛隊はすでに繰り返し島嶼防衛演習を行っており、かつてのアジア太平洋戦争での島嶼防衛の戦史についても熱心に研究している。ここで自衛隊機関紙『朝雲新聞』から、その司令部の「要塞化」に限定して紹介してみよう。

「**陸自は南西諸島をこう守る**――。西部方面隊（総監・宮下寿広陸将、司令部・健軍）は昨年11月に行われた23年度自衛隊統合演習で、『島嶼防衛』任務を担任した。施設科部隊は離島に強固な地下陣地を構築して抗たん性を高め、兵站部隊は大型ヘリのピストン輸送で大量の補給物資を事前に集積、敵の上陸を前に増援部隊を隷下に編入した戦闘団は、諸職種の機能を存分に発揮させてこれを撃退、大きな成果を上げた。以下は九州・沖縄の離島を守るための西方各部隊の戦闘様相。

03式地対空ミサイル（石垣島・宮古島・奄美大島配備）

８施設大隊は『離島』を想定した日出生台演習場に、過去最大規模の頑強かつ長大な師団指揮所を地下に構築した。戦車用簡易掩蓋掩壕（ＬＰ）を４セット連接して構築したのは全長32メートルの８師団指揮所。幕僚たちの作戦拠点は師団長の執務室とも地下交通壕で連接され、長期の作戦に耐える大規模な施設となった。長岡睦大隊長は地下構築物の建設にあたり、隊員に『施設科の執念』を要望。これを受け、指揮所構築隊長の山下英寿１尉以下の隊員は悪天候の中、民生品のＧＥＯＷＥＢ（ジオウエブ）を活用して掩護層を迅速に施工。換気設備や入り口部の補強などを考慮しながら構築を進め、空間を活用したロフト、師団長執務室の板張りにした内壁など居住性にも配慮、長期戦に耐えられるものとした」（２０１３年１月19日付）

［参考］

＊ミサイル部隊……石垣島・宮古島・奄美大島への配備予定の地対空ミサイル部隊は、03式中距離地対空誘導弾、12式地対艦誘導弾の、両方とも陸上自衛隊の最新式のミサイル。

＊12式地対艦誘導弾（SSM—1改）……ミサイル誘導にGPSを使用し、遮蔽物の陰から発射、有効射程約200キロ、重装輪車両トラックに搭載。熊本の健軍駐屯地に西部方面特科隊の第5地対艦ミサイル連隊が駐屯、この部隊に2016年から調達する16両をすべて集中配備する方針。この16両は南西諸島配備に重点的に配置されるという。

＊03式中距離地対空誘導弾（改良ホーク「中SAM」）……高機動車で機動・展開、射程50キロ以上、那覇の第15高射特科連隊は、第1～第4高射中隊からなり、ホーク改良の最新式ミサイル03式中SAMを中心に装備。この沖縄の高射連隊は、東京周辺のパトリオットを配備した第1高射隊に匹敵する戦力を保有する。

＊「尖閣防衛、ミサイル開発へ　23年度の配備目標」（『読売新聞』2016年8月14日付）

「政府は、沖縄県・尖閣諸島などの離島防衛を強化するため、新型の地対艦ミサイルを開発する方針を固めた。飛距離300キロを想定している。宮古島など先島諸島の主要な島に配備する方針で、尖閣諸島の領海までを射程に入れる。2017年度予算の防衛省の概算要求に開発費を盛り込み、23年度頃の配備を目指す。中国は尖閣周辺での挑発行動を繰り返しており、長距離攻撃能力の強化で抑止力を高める狙いがある。

開発するのは、輸送や移動が容易な車両搭載型ミサイル。GPS（全地球測位システム）などを利用した

誘導装置を搭載し、離島周辺に展開する他国軍艦などを近隣の島から攻撃する能力を持たせる」（傍点筆者）

住民無視の奄美大島へのミサイル部隊等配備

２０１６年9月1日付『南日本新聞』によると、防衛省は、２０１７年度予算の概算要求で、奄美市と瀬戸内町に配備する陸自部隊の本体工事に計３９５億円を計上し、２０１９年3月末をめどに部隊を編成するという。

また、奄美大島に配備予定の部隊は、奄美市に約３５０人、瀬戸内町に約２００人を配備する予定であり、２０１７年度は奄美市の奄美カントリー内の28ヘクタールに２６６億円、瀬戸内町節子地区の15ヘクタールに１２９億円をかけ、庁舎や工場、燃料施設など主要施設を整備すると報じられている。

この報道を参考にすると、奄美市に配備されるのは普通科部隊（警備部隊）と地対空ミサイル部隊であり、瀬戸内町には地対艦ミサイル部隊が配備されるようだ。ところが、信じられないことに奄美大島では、防衛省の基地建設をめぐる説明会は、２０１６年6月に簡単なものが一度行われただけである。したがって、住民たちにも新聞報道以外の基地建設の全容が全く分からないのだ。

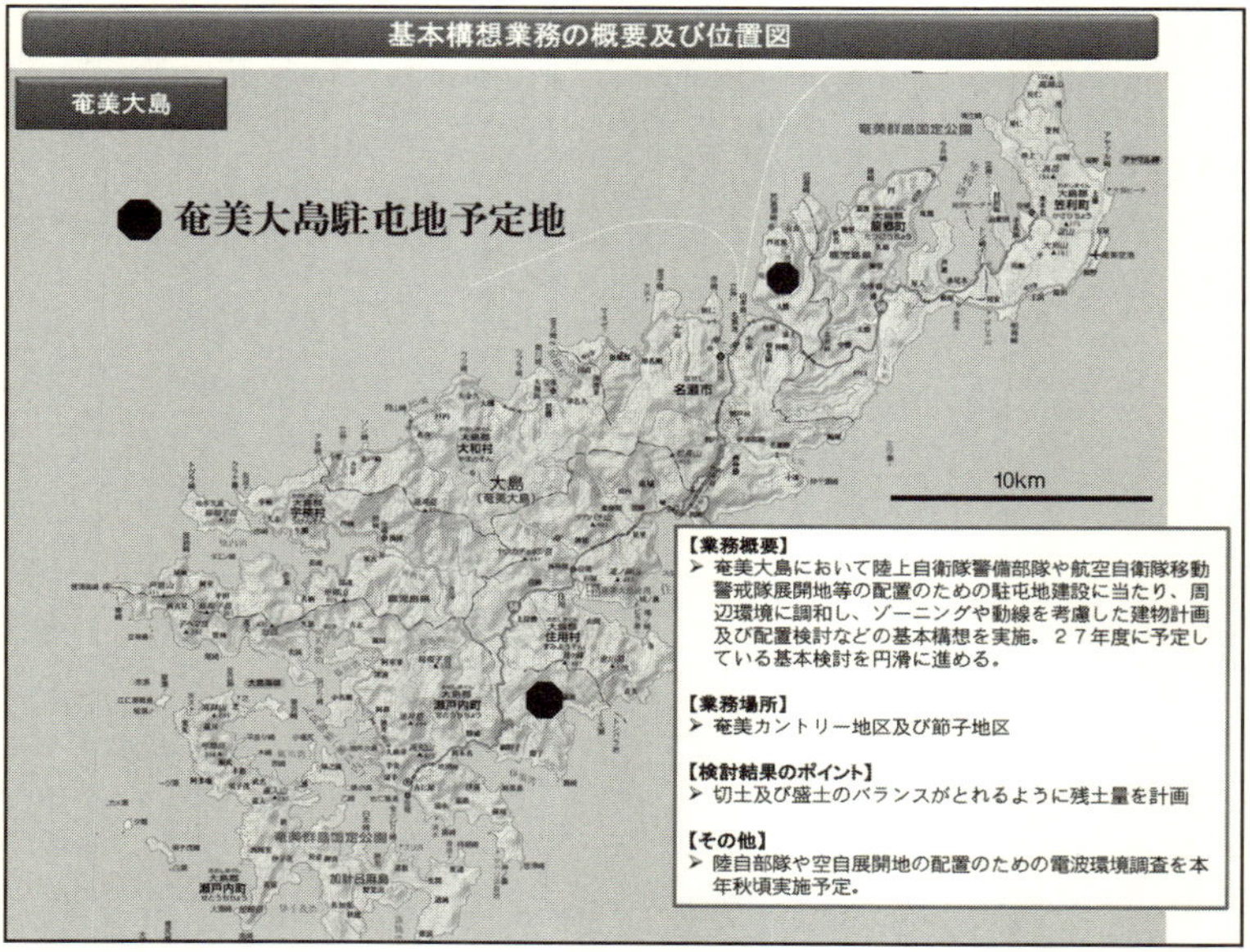

同紙によると、すでに瀬戸内町では町議会が同地区の町有地約17万平方メートルの売却（約2億４９０万円）を決めており、建設用地のボーリング調査や土木実施設計が進行中であるとしている。

だが、筆者が熊本防衛施設局の公開入札情報を調べると、２０１６年10月初め現在で、「平成28年度発注予定工事」（公告日5月20日）として「奄美新駐屯地（奄美地区）敷地造成工事」「奄美新駐屯地（瀬戸内地区A・B地区）敷地造成工事」などがすでに公示されており、設計段階どころか敷地の造成工事までもが始まろうとしているのだ。

この住民には、ほとんど何らの説明なしに始まろうとしている自衛隊基地建設が、どういう規模や部隊配備になるのか、またそれがどのように拡大していくのか、分からないことだらけだ。

例えば、陸自以外の部隊、空自の移動警戒隊はどこに造られるのか、これについても何らの説明もない（筆者は、2016年11月、九州防衛局に奄美大島駐屯地〔仮〕についての全ての計画書等の提出を情報公開請求に基づき行ったが、先の報道以上の文書はないと回答された。もちろん、空自の移動警戒隊については何の文書も開示されない。左右写真は、その公開されたもの）。

防衛省は「平成29年度概算要求の概要」では、奄美大島について「南西地域における移動式警戒管制レーダーの展開基盤の整備（2億円）」として発

59　奄美市の配備予定地の１つの「奄美カントリー地区」

表している。つまり、陸自以外にも、空自部隊が新たに配備されるのが明らかになっている。

しかし、先の『南日本新聞』によると、「大和村と宇検村にまたがる湯湾岳（標高694メートル）に計画する航空警戒管制の通信所整備には28億円を計上。監視網の強化が目的で16年度に引き続き器材取得や施設建設などに充てる」と報じている。

この報道では「航空警戒管制の通信所整備」としているが、山頂に移動警戒管制レーダーを設置することはないから、移動警戒隊とは別物であろう。「航空警戒管制の通信所」にあたるとすれば、すでに奄美大島に配備されている空自奄美通信隊のOH多重通信（見通し外通信）の可能性が高くなるが、それとも異なるようだ（移動警戒隊の管制通信所の可能性あり）。

現在、奄美大島には、海自佐世保地方隊・奄美基地、空自奄美大島分屯基地（奄美大島本島北部にある大刈山山頂の南西航空警戒管制隊・奄美通信隊）がすでに駐屯し、この中で空自の奄美通信隊は、沖縄と九州の通信中継任務に当たっている。

こうしてみると、奄美大島に配備されようとする自衛隊は、部隊の性格も不明であるばかりか配備人員も不明という驚くべき秘密主義になっている。奄美大島への配備予定では、陸自だけで約550人と発表されているが、ここには空自部隊は入っていない。これに空自移動警戒隊を入れると約600人になり、さらに湯湾岳に配備される通信所部隊を入れると、どのくらい人員が脹れあがるのか、皆目見当がつかなくなるのだ。

島嶼防衛作戦のために、宮古島に「事前集積拠点」が置かれるであろうことを述べてきたが、自衛隊は「フォークランド戦争の教訓」（後述）として、予定する増援部隊のための事前集積拠点を種子島の西約10キロにある馬毛島《まげしま》に建設することを発表している。

この馬毛島について防衛省は、「他の地域から南西地域への展開訓練施設、大規模災害・島嶼部攻撃等に際しては、人員・装備の集結・展開拠点として活用、島嶼部への上陸・対処訓練施設」（防衛省発行パンフ）として使用を検討していることを明らかにしているが、この事前集積拠点の設置については、相当の長きにわたって秘密裡に検討されてきたようだ。例えば、すでに紹介してきた防衛省の「防衛力の実効性向上のための構造改革推進委員会　防衛力の実効性向上のための構造改革推進に向けたロードマップ」は、以下のように記述している。

「島嶼部における防衛態勢　島嶼部における事態対処に際しては、周辺海空域及び海上輸送路の安全確保が前提となる。また、平素からの配置又は警戒監

サイパン沖に停泊する米軍事前集積船

視等で展開している自衛隊の部隊とともに、事態生起に先んじて全国から増援部隊、武器、弾薬、燃料、部品、整備支援器材等の作戦資材等を島嶼部に集め、強化された防衛態勢の下、事態の抑止・対処に当たる必要がある」

ところで、馬毛島は無人島であるから、自衛隊の事前集積拠点を置くことに何らの障害がないように見える。もっとも、最近では沖縄米軍のオスプレイや艦載機の基地（米軍の艦載機離発着訓練場の候補地）を置くことも検討されているから、米軍が競争相手になるかも知れない（なお、地元では馬毛島に近い、種子島と屋久島の1市3町では騒音懸念などから反対運動が展開されている）。しかし、自衛隊は、この馬毛島のみに事前集積拠点を置くことはないだろう。なぜなら、馬毛島は無人島とはいえ、膨大な軍需物資（例えば1万人部隊の増援物資）を迅速に輸送する港湾施設がないからだ。

軍隊の緊急投入のための事前集積拠点については、例えば米海兵隊の事前集積の実状を見れば明確だ。

米軍の装備品事前集積ＰＯＭＣＵＳ（Prepositioning of Overseas Material Configured to Unit Sets）では、作戦軍の展開を緊急時に早めるため、装備品および補給品を海外の地上と海上の両方に事前に集積している。この中で海兵隊の事前集積は、陸軍と異なり、主として海上事前集積によっており、海上事前集積船に積載された装備と1個海兵機動展開旅団が連結して作戦に当たることになる。

　アジアに緊急展開する米海兵隊の事前集積船は、サイパン・グアムに置かれていることは周知の事実であるが、自衛隊もまたこのような事前集積船を九州などの港に置くかも知れない。あるいは、馬毛島に替わる港湾設備を備えた事前集積拠点を、既存の九州南部の民間港に置くことになるかも知れない（熱心に検討されているようだ）。

　このような、事前集積物資を南西諸島に輸送するために自衛隊は、また陸海空一体化した「統合輸送力」の強化を謳っている。このために「自衛隊の輸送力の向上及び民間輸送力等活用枠組みの構築」について、本格的に検討が始まっており、知られるとおり、民間船員の予備自衛官としての採用が始まりつつある。

　しかし、いずれにせよ、九州から南西諸島──先島諸島に至る全地域が、一挙に軍事拠点として造られようとしていることは確かだ。

［参考］
＊島嶼防衛作戦における統合輸送力について「防衛力の実効性向上のための構造改革推進に向けたロードマップ」から
ア　統合輸送統制　事態対応時等においては、必要な輸送力（民間輸送力を含む。）や輸送場所の確保のほか、各種輸送を円滑かつ適切に実施するための拠点（端末地等）の設定、輸送経路の統制、膨大な各種輸送ニー

ズへの対応等、統合輸送統制において実施すべき業務量は膨大である。(略) イ輸送能力 事態対応時等には、日本全国に所在する部隊・補給品を集中するため、自衛隊の輸送力、特に海・空輸送力に加え、民間輸送力等の活用により、多くの輸送力が必要となる。これに対して、島嶼部への機動展開においては、民間船舶の運航数が少なく、輸送力そのものの確保が困難な状況にあるため、動的防衛力の要の1つである機動展開能力の強化が喫緊の課題である。ウ輸送に係る基盤 現在、島嶼部を含め、輸送に係る展開のための基盤は限定されており、輸送力の発揮に制約がある。また、弾薬輸送などの輸送自体についても、荷役の内容や寄港地の選定等、法的な面で多くの制約を受けている。

②課 題 今後、統合輸送の態勢を強化するため、以下の点を主要課題として検討を進めることが必要である。

◆統合輸送統制の範囲及び必要な機能を踏まえた統合輸送体制の在り方

◆自衛隊の輸送力の向上及び民間輸送力等活用枠組みの構築

◆輸送に係る各種制約事項に対する措置

島嶼防衛戦のための沖縄本島の増強

読者も知られるとおり、「本土」メディアの南西諸島への自衛隊配備に関する記事は、驚くほど少ない。配備に関する、単なる事実さえ報道していない。メディアは、何を恐れ、何を隠

混成団から旅団へ昇格し編成された陸自の沖縄部隊

したいのか。この状況の中、しばらく前に毎日新聞が、以下のような記事を掲載している。

「政府が中国の軍備増強などをにらんで計画している南西地域の防衛力強化（南西シフト）が２０１５年度から本格化する。島しょ防衛のため陸上自衛隊に新設される水陸機動団の核となる水陸両用車両部隊を長崎県佐世保市に配備する方向で調整。航空自衛隊那覇基地（那覇市）は戦闘機倍増などで最大４５０人増えることが見込まれる。南西シフトに伴う自衛官の増員は少なくとも４０００人規模となり、九州・沖縄が国土防衛の最前線となる。（略）

南西シフトは政府の中期防衛力整備計画（14年度から５年間）に位置付けられている。新設する水陸機動団は米海兵隊がモデルとされ、占拠された離島を奪還するのが主任務となる。陸自相浦《あいうら》駐屯地（佐世保市）の西部方面普通科連隊（700人）を母体に3000人規模を想定する。

このうち、移動手段となる水陸両用車両部隊は佐世保市・崎辺地区に配備する方向で調整している。機動団司令部の設置も同市が有力候補地となっている。佐賀空港への配備を計画している飛行部隊（700〜800人）の新型輸送機オスプレイ（17機）と一体運用する狙い。

南西諸島も強化される。中国軍機への緊急発進（スクランブル）などに対応している空自那覇基地は15年度中、F‐15戦闘機の飛行隊が1個から2個に増強される。14年春には早期警戒機「E‐2C」数機による新部隊も発足しており、併せて隊員は250〜450人程度の増となりそうだ」（2015年1月4日付、傍点筆者）

すでに、先島諸島などでの自衛隊の新たな配備について見てきたが、沖縄本島——九州に至る自衛隊についても、今や「南西シフト」のもとで大幅に増強されるのだ。ここではまず、沖縄本島での自衛隊の増強からみてみよう。

もともと、1972年の沖縄返還後から自衛隊の沖縄部隊は、一貫して増強が続けられてきた。現在、沖縄駐留の陸海空自衛隊は、約8千50人を数えているが、これに加えて、沖縄本島にも大増強が始まっているのである（2010年では、陸自2千300人・海自1千300人・空

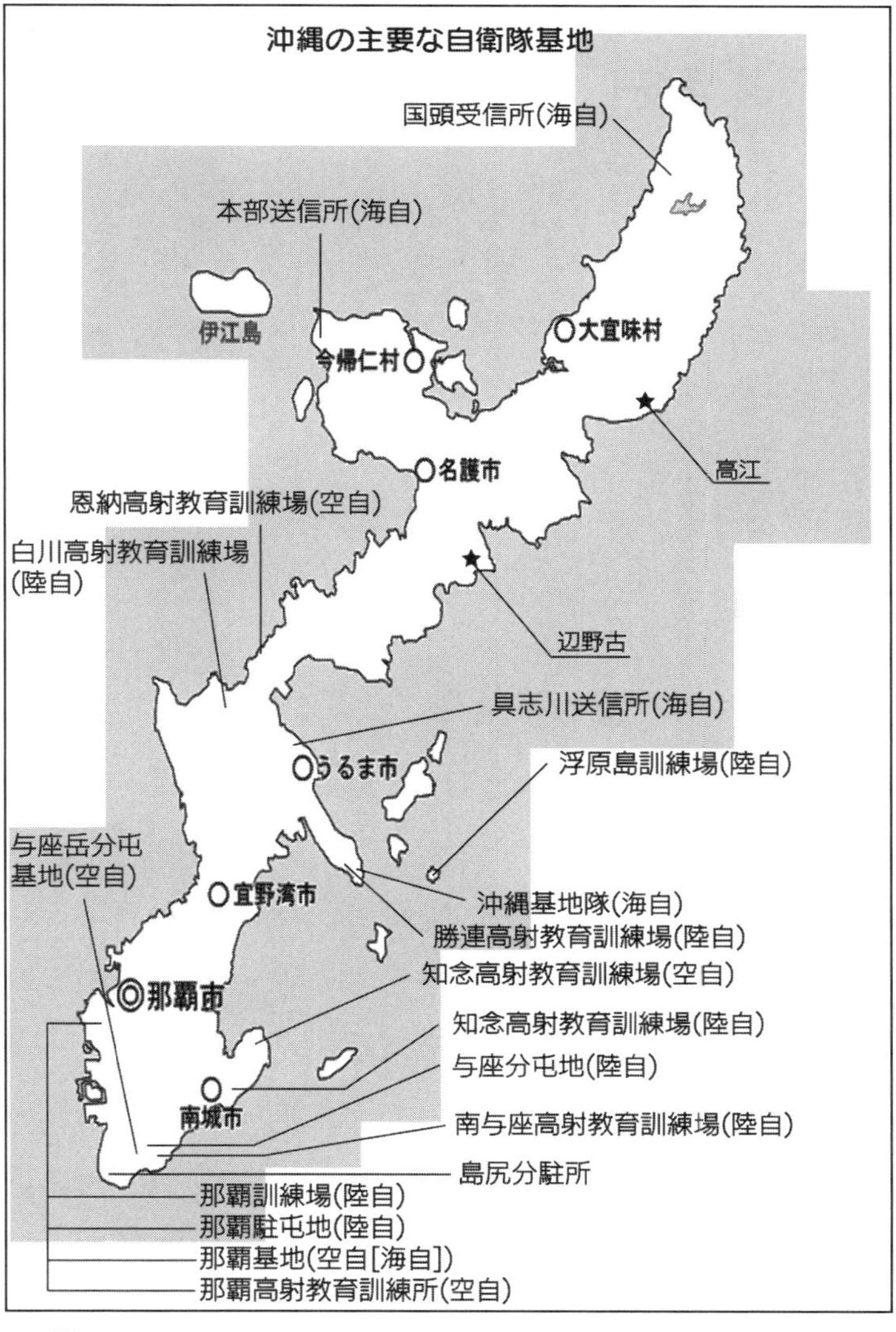
沖縄の主要な自衛隊基地
国頭受信所(海自)
本部送信所(海自)
伊江島
今帰仁村
大宜味村
高江
名護市
恩納高射教育訓練場(空自)
白川高射教育訓練場
(陸自)
辺野古
具志川送信所(海自)
うるま市
浮原島訓練場(陸自)
与座岳分屯
基地(空自)
宜野湾市
沖縄基地隊(海自)
勝連高射教育訓練場(陸自)
那覇市
知念高射教育訓練場(空自)
知念高射教育訓練場(陸自)
与座分屯地(陸自)
南城市
南与座高射教育訓練場(陸自)
島尻分駐所
那覇訓練場(陸自)
那覇駐屯地(陸自)
那覇基地(空自[海自])
那覇高射教育訓練所(空自)

自2千700人。だが、2016年6月現在、陸350人、海190人、空1千210人が大増加した)。

沖縄本島の空自は、72年以後、南西航空混成団傘下の、第83航空隊、第5高射群などを進駐させてきたが、この「南西シフト」のもとに一挙に増強される。すなわち、第83航空隊は、第9航空団に昇格し、配備されるF-15飛行隊も2個飛行隊40機態勢に増強される。この飛行隊は福岡県の築城基地から移動し、人員も全体として約450人が増加するのだ。この他に空自は、三沢から早期警戒機E-2Cの4機を移動させるとともに、浜松からの早期警戒管制機E-767をも随時移動するとされている(2017年に混成団から南西航空方面隊に昇格)。

また、陸自は、すでに2010年に配備されていた混成団を旅団(第15旅団人員約2200人)へと昇格し増強していたが、ここで約3千人の旅団に増強される。これは「即応近代化旅団」と言われ、第51普通科連隊傘下の3個中隊から編成されており、戦車などの特科部隊は有していない。

しかし、間違いなく、先島諸島への事前配備部隊とともに、初動の島嶼防衛作戦を担うものとして増強される。また、この部隊は、旅団では他に例のない第15高射特科連隊を傘下に有し、中距離対空ミサイル部隊4個中隊を編成している。

沖縄本島の海自は、沖縄基地隊、第5航空群傘下の第51・第52飛行隊に所属するP-3C対潜哨戒機を増強して、東中国海の常時警戒監視の任務についているが、2020年半ばには国産の対潜哨戒機P‐1も優先的に南西諸島に配備されるという。
このように、今や沖縄本島においても、部隊や人員の本格的な大増強が始まっているのだ。

佐世保・海兵隊の編成とオスプレイ・水陸両用車

2002年3月、長崎県の相浦駐屯地に防衛庁長官直轄部隊（当時）として、「西部方面普通科連隊」という珍しい名前の部隊が新設された。この部隊は、レンジャー隊員を基幹として編成する陸自にとっては初めての特殊部隊、緊急展開部隊だ。普通化連隊の構成も特殊である。連隊の編成は約660人、部隊は本部管理中隊と3個の普通科中隊からなる（当時、一般の普通科連隊は6個中隊で編成）。

2000年初頭という非常に早い段階で創設された、この部隊の任務は何か？　それは、「長官直轄部隊」であることが、その任務を示している。つまり、離島防衛、特に沖縄のそれのために創設されたのがこの部隊だ。

後述するように、西部方面普通科連隊が発足早々からほぼ毎年、米軍とりわけ海兵隊との共同演習を繰り返してきたことは有名だ。2006年1月には初めて、米カリフォルニア州サンディエゴで米第1海兵師団との「離島上陸」訓練を行い、その後もアメリカの演習場などで、

佐世保市街を行進する西部方面普通科連隊

海兵隊との共同訓練を積み重ねている。

さて、こうして発足から十数年、既成事実を積み重ねて行く中で、ついに、西部方面普通科連隊は、旅団規模に昇格し、事実上海兵隊として編成されることが決定されたのだ。

すなわち、2014年策定の新防衛大綱・中期防衛力整備計画によれば、この部隊は2018年度までに約3千人の水陸機動団へ編成される。この水陸機動団には、すでに先の毎日新聞の報道で明らかなように、オスプレイ17機の導入に加えて、水陸両用車（AAV7）52両が配備され、文字通りの島嶼上陸作戦――「島嶼奪回」作戦を担う部隊へと指定されるのだ。

水陸機動団は、相浦駐屯地に本部が、市街地を隔てて崎辺地区に整備される崎辺分屯地に、戦闘上陸を担う部隊の操縦訓練場が置かれるという。

そして、オスプレイ部隊そのものは、佐賀空港への配備が計画されている。

また、この水陸両用車（ＡＡＶ７）は、米海兵隊が装備しているもので、米海兵隊との互換性も配慮されている。水陸両用車は、３名の乗員プラス兵員25名を収容し、車両は全長約８メートル、車体重量は約22トン、最高時速は陸上で72キロ、海上では13キロである。また、主武装は12・7ミリ重機関銃、40ミリ自動擲弾銃ほか、装甲は銃弾にも耐えられるとされる。

後述するが、先の新防衛大綱では、この日本型海兵隊＝水陸機動団の先島諸島上陸前に（および上陸後）、事前配備部隊への増援部隊――緊急機動運用部隊として、３個機動師団・４個機動旅団の編成が発表されている。先島諸島――沖縄への約１万人の新配備に加えて、この機動師団などの、およそ数万単位の島嶼作戦部隊の投入が想定されているのだ。

加えて、これらの九州への部隊増強は、鹿児島県の南端の沖永良部島レーダーサイト、宮崎県の最南端の高畑山レーダーサイトのレーダーを最新式にするなど、九州から奄美大島にかけての地域においても進められている。つまり、今や自衛隊は、戦後の北海道重点配備から、全面的に九州――沖縄――先島諸島への重点配備へと、大転換を開始したのである。

［参考］

＊準天頂衛星システム……宮古島・石垣島には、写真に見るように巨大なレドームが設置されている。これは準天頂衛星システム――日本版のＧＰＳ、衛星測位システムと言われており、日本には６箇所設置されて

宮古島市内に設置された淮天頂衛星システムのレーダー

いる。石垣島、宮古島のほか、久米島、沖縄恩納村、種子島、茨城県常陸太田市だ。つまり、南西諸島にそのほとんどが設置されていることから、これは明らかに自衛隊の島嶼防衛戦、とりわけ、そのミサイル部隊のためのものだと判断できる。このシステムでは、GPSの誤差が現在の10メートルから、一挙にわずか数十センチにまで精度を高められると言われている。

政府は表向きでは「市場の創出と競争力強化」などの効果があるとしているが、宇宙の安全保障分野に関する利用指針となる「国家安全保障宇宙戦略（日本版NSC」の中では、「日米同盟は我が国安全保障政策の基軸であり、本年中に予定されている『日米防衛協力のための指針』の見直しに宇宙政策を明確に位置付け、測位衛星（準天頂）、SSA及びMDA等の日米宇宙協力により日米同盟を深化させる。特に、準天頂プログラムについては、米国のＧＰＳとの補完関係の更なる強化を図りつつ、アジア・オセアニア地域の測位政策に主体的な役割を果たす。」（「国家戦略の遂行に向けた宇宙総合戦略」２０１４年８月26日、自民党政務調査会・宇宙・海洋開発特別委員会）と、その軍事的位置付けが明らかにされている。また、以下のような主張もある。

「……準天頂はＧＰＳ衛星の補完・補強をするだけでなく、日本列島や朝鮮半島における安全保障活動の支援をすることが期待できる。現在の米軍も自衛隊もＧＰＳの軍事信号に大きく依存しているが、準天頂衛星が加わることで、ＧＰＳを受信しにくいビル陰での市街戦や山岳地帯でのゲリラ戦、さらにはミサイル防衛のような精密な測位を必要とする防衛手段の強化に資することができる。」（鈴木一人［北海道大学公共政策大学院准教授］雑誌『ＷＥＤＧＥ』７月号・２０１０年６月23日）

第2章 「南西重視」戦略の始動

陸自教範『野外令』大改定による島嶼防衛

自衛隊には、作戦・戦闘や日常の訓練・演習に欠かせない教範（教科書）が多数あるが（例えば『師団』『普通科連隊』など）、陸自では、これら教範のもっとも基本になるのが『野外令』である。

「野外令は、その目的は、教育訓練に一般的準拠を与えるものであり、その地位は、陸上自衛隊の全教範の基準となる最上位の教範である」（野外令改正理由書・2000年9月）とされ、旧日本陸軍で言えば『作戦要務令』にあたる。

2000年1月、この陸自教範『野外令』は、およそ15年ぶりに改定された。旧『野外令』は、1957年に制定され、1968年、1985年の二度にわたり改定されたが、この68年までの旧版が158頁のコンパクトなものであったのに比し、85年の以降の『野外令』は、本文だけで400頁を超える大冊となった。

この理由は、記述範囲が広くなり、第一編として「国家安全保障と陸上自衛隊」の項目や、初めて「日米共同作戦」の項目が設けられたことによる。そして、最新の２０００年の改訂版は、全体の構成としては基本的に85年版の『野外令』を踏襲しているが、頁数はもっと増え、全文は４４０頁の厚さになった。

新『野外令』は、冒頭の「はしがき」に「本書は、部内専用であるので次の点に注意する」として、「用済み後は、確実に焼却する」と明記している。つまり、新『野外令』は、部内においてのみ閲覧するという事実上の「秘」文書の扱いだ。だが、旧『野外令』については、秘密扱いにはされていなかった。隊内の売店などで一頃は民間人さえも購入できたのだ。ところが、マスコミなど関係者によると、85年の前『野外令』からは、国会や報道機関にも開示されなくなったという。筆者が、新『野外令』を入手したのは、情報公開法に基づく開示請求においてである（傍点筆者。このときは全文開示されたが、これは偶然にも、情報公開法違反として当時の中谷防衛庁長官が辞任に追い込まれたからである）。

この新『野外令』は、陸上幕僚監部発行の「陸自教範１-00-01-11-２」として制定された。その目次を概観すると、第一編「国家安全保障と陸上自衛隊」、第二編「指揮」、第三編「作戦・戦闘の基盤的機能」、第四編「作戦・戦闘」、第五編「陸上防衛作戦」となっている。

そして、『野外令改正理由書』は、その改定理由について、「今後10年間における任務遂行

海自の護衛艦（呉基地）

環境の変化、特に『脅威の多様化及び質の変化』及び『新たな体制への移行』への的確な対応並びに旧令の『内在する問題点の解消』の必要性が生じたことによる」と説明する。ここでいう「脅威の多様化及び質の変化」とは、この『野外令』の大改定の理由となった冷戦後の新任務のことだ（後述）。また、これについて以下のようにいう（傍点筆者）。

「旧令で主として対象としていた特定正面に対する強襲着上陸侵攻のほか、多数地点に対する分散奇襲着上陸侵攻、離島に対する侵攻、ゲリラ・コマンドウ単独攻撃及び航空機・ミサイル等による経空単独攻撃の多様な脅威への対応が必要になった」

「離島に対する単独侵攻の脅威に対応す

るため、方面隊が主作戦として対処する要領を、新規に記述した」

この「多数地点に対する分散奇襲着上陸侵攻、離島に対する侵攻、単独侵攻」「方面隊の主作戦」という冒頭の記述が、新『野外令』本文では、「離島の防衛」（第五編第三章第四節）として詳細に記述された。つまり、自衛隊創設以来初めて、島嶼防衛作戦が策定され、任務化されたということだ。そして、島嶼防衛作戦と同時に、これも自衛隊史上初めての「上陸作戦」が策定されたのである。

この島嶼防衛作戦の全容を掴むために、とりあえず、新『野外令』を概観し、参考にしながら検討してみよう。

まず、新『野外令』は、「離島の防衛・要説」の「不意急襲的な侵攻」の項で、「敵は、離島を占領するため、通常、上陸侵攻と降着侵攻を併用して主導的かつ不意急襲的に侵攻する」と敵の攻撃態様を想定する。そしてこのためには、「重視事項」として、「情報の獲得」「迅速な作戦準備」「緊密な統合作戦の遂行（特に海上・航空優勢の獲得）」が必要と指摘する。

そして、敵の「上陸侵攻と降着侵攻を併用して主導的かつ不意急襲的に侵攻」に対処するための離島防衛作戦には、「**事前配置による要領**」と「**奪回による要領**」の２つがあるとする。

この「事前配置による要領」の「対処要領」が、「所要の部隊を敵の侵攻に先んじて、速やかに離島に配置して作戦準備を整え、侵攻する敵を**対着上陸作戦**により早期に撃破する」ことである。そして、この作戦ための編成として、「対着上陸作戦を基礎」として、「離島配置部隊」「戦闘支援部隊」「予備隊及び後方支援部隊に区分して編成する」というのだ。

「**奪回による要領**」の「対処要領」は、「敵の侵攻直後の防御態勢未定に乗じた継続的な航空・艦砲等の火力による敵の制圧に引き続き、空中機動作戦及び海上輸送作戦による**上陸作戦**を遂行し、海岸堡を占領する」ことである。この作戦のための編成として、「離島に対する空中機動作戦及び海上機動作戦」による「**上陸作戦を基礎**」として「着上陸部隊、戦闘支援部隊、予備隊及び後方支援部隊に区分して編成する」という。

つまり、前者の作戦の根幹が「対着上陸作戦」であるのに対し、後者の作戦の根幹は、「上陸作戦」である。そして、この両者の作戦において、いずれも「離島への機動」を重視することとされている。

このような、陸自教範『野外令』による「**事前配置による要領**」**と**「**奪回による要領**」という島嶼防衛作戦の規定を見ると、すでに２０００年の段階で、早くも陸自がその作戦構想を固めていたことが明確になる。後ほど詳述するように、防衛省は島嶼防衛作戦の基本的態様として「事前配置・緊急増援・奪回作戦」の３段階の構想を発表しているが（２０１５年の防衛白書など）、これは、ほぼ改訂版『野外令』の策定通りの内容となっている。

また、ここでの事前配置による対処要領を見ると、冷戦時代に陸自の主要な作戦であった対着上陸作戦が活かされていることが分かる。だが、冷戦時代には陸自教範では概念さえなかった新たな作戦が、奪回による対処要領の「上陸作戦」だ。つまり、ここで陸自は、初めて上陸作戦という作戦構想を策定したのだ。

言うまでもなく、陸自は、その創設後から最近まで、「対着上陸作戦」を作戦構想の根幹としてきた。そこでの想定は、冷戦時代の仮想敵国であった旧ソ連の機甲師団などの北海道への侵攻である。この旧ソ連の機甲師団などに対して、主要に水際で撃破するのが陸自の戦略であったのだ（旧ソ連の、宗谷海峡など突破のための海峡占領に対する、海峡封鎖戦闘と対着上陸戦闘）。

この作戦構想を反映して、旧『野外令』では、「対着上陸戦闘」（第六編第一章）の記述はあったが、「上陸戦闘」の記述はまったくなかったのだ。

つまり、この新『野外令』による「上陸作戦」の初めての策定は、陸自にとって画期的出来事である。いわば、陸自が「離島防衛対処」を突破口にしながら、「上陸作戦」、すなわち海外展開能力を演練する段階に至ったということなのだ。

そしてもっとも重大なことは、この陸自教範『野外令』による離島防衛——島嶼防衛作戦の策定は、先島諸島——南西諸島への自衛隊配備の始まる15年も前に、すでに日米制服組による冷戦後の新たな日米の戦略として打ち出されていたということである。

日米安保再定義と97年日米ガイドラインの改定

自衛隊の先島諸島配備が始まる、およそ15年も前の2000年という年に陸自教範『野外令』が改定されたのは、この3年前の1997年、日米ガイドライン（日米防衛協力の指針）の改定に基づいている。日米ガイドラインの改定は、その前年のクリントンと橋本の日米首脳会談による「日米安保再定義」によって決定された。

さて、この「日米安保再定義」は、1989〜91年にかけてのソ連・東欧の崩壊――冷戦終了によって不可避的に生じたものだ。知られるとおり、この冷戦終了によって、戦後「ソ連脅威論」として戦後西側世界を形作ってきたアメリカの対ソ抑止戦略は終わりを迎えた。そして、そのアメリカでは、「平和の配当」を求める世論が広がる中で、25％の軍事費削減を行うところまでにいきついた。

このような冷戦終了――軍事費削減要求の高まりという中で、アメリカは、91年の湾岸戦争を機に新たな軍拡政策「地域紛争論」をうち出したが、そのアジアでの重要な対象地域となったのが朝鮮半島であり、台湾海峡であった。

これは当時は、1994年の北朝鮮の核開発をめぐる「朝鮮半島危機」として演出され、

１９９６年3月には中国の台湾に向けたミサイル発射演習を口実とした「台湾海峡危機」として演出されたのだ。

ところで、アメリカを軸とする戦後の西側の冷戦政策は、「共産主義との対決」として、主要には旧ソ連・東欧・中国・北朝鮮などを対象としていたが、１９７０年代には米中、日中間による国交回復が進められ、この結果、アメリカは中国との「対ソ淮同盟政策」を推し進めるようになった。こうして中国は、１９８０年代から90年代初頭までは、日米とともに対ソ抑止戦略を担うところまでに至った。つまり、戦後の冷戦政策のもう1つの柱であった「中国脅威論」は、この時代には自然に消滅してしまったのだ（例えば、沖縄・読谷に配備された核弾頭搭載の地対地巡航ミサイル・メイスBは、中国に向けての発射が予定されていたが72年沖縄返還で撤去）。

しかし、先の１９９６年の「日米安保再定義」によって、中国脅威論は再び復活することになるのだ。ここでは周知のように、日米安保の「再定義」によって、その適用範囲・対象地域が「極東からアジア・太平洋地域」まで拡大した。つまり、ソ連の崩壊によって「極東の脅威」は減少したにも拘わらず、その脅威が朝鮮半島からアジア太平洋地域へ移り、広がったというものだ。この「アジア太平洋地域」という「地理的概念」が、台湾海峡の有事対処を口実にした、もっぱら中国を対象としたものであることは明らかであった。そして、これらの日米安保再定義が、事実上の「中国脅威論」――日米の対中抑止戦略への重大な転換点であることは、その後の歴史と状況が示している。

こうして、「日米安保再定義」は、翌年1997年に日米ガイドラインの改定として策定され、日米共同の中国封じ込め政策——対中抑止戦略へと転換し移行するのだ。

この中で、「安保再定義」による日米同盟は、戦後のどの時期よりも緊密な、文字通り「軍事同盟」として、一挙に強化されていく。これがまず、アジア太平洋地域の「周辺事態対処」を目的にした周辺事態法として制定され（1999年5月）、次いで、武力攻撃事態対処法などの有事3法が成立（2003年）、さらに、国民保護法・米軍行動円滑化法・捕虜取扱法などの有事関連7法が続々と成立していくのである（2004年）。

一連の経過が示すように、この1997年の日米ガイドライン改定によって、日米制服組による対中抑止戦略の一環として策定されたのが、陸自教範『野外令』大改訂と、その島嶼防衛作戦の策定である。つまり、日米制服組とも「新たな脅威」を求めて、朝鮮半島からアジア太平洋地域へと、必死になって蠢き始めたのが、この対中抑止戦略の実状である。

付加すると、すでに述べてきたが、この日米制服組、特に自衛隊制服組の策定による島嶼防衛作戦・上陸作戦は、その陸自教範『野外令』の非公開に見るように、メディアにも、国会にも秘匿されてきた。だが、筆者は情報公開請求による開示によって、すでに2006年発行の『野外令』の全容を拙著『自衛隊 そのトランスフォーメーション』に概要を公開している。また、『野外令』の全

陸自第７師団の戦車部隊、大幅な削減の対象（北海道）

文については、その公開をインターネット上で明らかし、データを求めた読者の一部にも応じている。だが、マスコミ関係者・国会議員などからは、このデータの提供を求められたことがない（防衛省からは、すでに公開した『野外令』の返還を求められ、また「著作権」を理由に公開中止の勧告がきた）。

初めて島嶼防衛を記述した防衛白書

ところで、自衛隊が初めて「島嶼防衛」について公にしたのは、２００４年に発行した陸自幕僚監部の『陸上自衛隊の改革の方向』と題する文書においてである。この文書は当時、インターネットで公開されていたが、現在は存在していないようだ。

文書は、冷戦後の自衛隊のあり方として、「部隊配置を見直し」し、「配備の地理的重点正面を北から南、東から西へと変更します。特に、北海道に所在する部隊の勢力を適正な規模にするとともに、日本海側及び南西諸島正面の配備を強化して、今まで相対的に配備の薄かった地域の部隊を充実します」（傍点筆者）と述べている。つまり、自衛隊全体が、北方重視戦略から西方重視戦略・南西重視戦略へと全面的に転換しようとしていることを主張していたのである。

この文書には、「南西諸島正面の配備を強化」という以外の記述はないが、同年に公開された「『防衛力の在り方検討会議』のまとめ」（04年11月。2004年決定の大綱の原案）という文書は、もう少し詳しく記述している。

「従来陸上防衛力の希薄であった地域（南西諸島・日本海側）の態勢強化」について、「沖縄本島は九州から約500km離れ、沖縄本島から最南西端の与那国島では約500kmに渡り多数の島嶼が広がっている。また、南西諸島は近傍に重要な海上交通路や海洋資源が所在する戦略上の要衝となっている。海上交通路を確保するためには、南西諸島の防衛態勢を強化し、島嶼部への侵略等の多様な事態に的確に対処できる体制を構築することが必要」（傍点筆者）。

ただ、他の自衛隊の文書では、南西諸島配備・島嶼防衛については、これ以上の記述はないから、この段階では、自衛隊は世論の動向を見ていたということだろう。

そして、初めて本格的に南西諸島配備に触れたのが、2004年の新「防衛計画の大綱」である。大綱はその冒頭のところで、「我が国に対する本格的な侵略事態生起の可能性は低下する」が、「新たな脅威や多様な事態に対応」することが求められているとして、この新たな脅威として、「弾道ミサイルへの対応」「ゲリラや特殊部隊による攻撃への対応」「島嶼部に対する侵略への対応」などを列挙している。そして「島嶼部に対する侵略への対応としては、部隊を機動的に輸送・展開し、迅速に対応するものし、実効的な対処能力を備えた体制を保持する」と、明確に記述している。

ここでは未だ、「ゲリラなどの攻撃への対応」と並列して列挙しているが、南西諸島防衛論・島嶼防衛論が全面化しつつあるのが読みとれる。

また、このような南西諸島防衛論の全面化の背景説明として、いよいよ「中国脅威論」が唱えられ始められていく。「この地域の安全保障に大きな影響力を有する中国は、核・ミサイル戦力や海・空軍力の近代化を推進するとともに海洋における活動範囲の拡大などを図っており、このような動向には今後も注目していく必要がある」と。

ところが、この新防衛大綱と連動して発表された２００５年の日米合意文書「日米同盟未来のための変革と再編」（沖縄米軍基地に関する「再編実施のための日米のロードマップ」も発表）では、この中国脅威論が一段と強調されていくのだ。

「安全保障協議委員会の構成員たる閣僚は、新たに発生している脅威が、日本及び米国を含む世界中の国々の安全に影響を及ぼし得る共通の課題として浮かび上がってきた、安全保障環境に関する共通の見解を再確認した。また、閣僚は、アジア太平洋地域において不透明性や不確実性を生み出す課題が引き続き存在していることを改めて強調し、地域における軍事力の近代化に注意を払う必要があることを強調」と。

また、日米合意文書では、「地域における共通の戦略目標」として、「以下が含まれる」としている（重要部分のみ引用、傍点筆者）。

「日本の安全を確保し、アジア太平洋地域における平和と安定を強化するとともに、日米両国に影響を与える事態に対処するための能力を維持する。中国が地域及び世界において責任ある建設的な役割を果たすことを歓迎し、中国との協力関係を発展させる。台湾海峡を巡る問題の対話を通じた平和的解決を促す。中国が軍事分野における透明性を高めるよう促す。海上交通の安全を維持する」

ここではまだ穏やかな表現であるが、日米合意の安保関連文書に初めて「台湾を巡る問題」が明記されたことが重要だ。そして、もっと重要なことは、「共通の戦略目標」という表現で、アジア太平洋地域＝台湾海峡問題が提起されたことだ。つまり、この段階において初めて公式に「台湾海峡有事対処」の問題として、対中抑止戦略が策定されたということだ（後述するが、現在ではなし崩し的に第1・第2列島線防衛論へ変更される）。

島嶼防衛戦争を想定した防衛計画の策定⁉

さて、ここで読者に興味深い当時の新聞記事を紹介しよう（この２００５年という年に注目）。これは、当時の自衛隊が「南西諸島防衛論」というものについて、どのように世論づくりをしていったかが、見事に表れている。

２００５年9月26日付『朝日新聞』は、朝刊1面トップで「**陸自の防衛計画判明『中国の侵攻も想定』北方重視から転換**」というスクープ記事を、大々的に報じた。

この「中国の侵攻も想定」という大見出しだけで、多くの読者は度肝を抜かれたと思うが、筆者が驚いたのは、前者の「防衛計画判明」というタイトルの方だった。というのは、「防衛警備計画」とは、自衛隊が最高機密に指定した文書であるからだ。通常、このような機密文書は、内容はもとより、その存在自体も秘密扱いだ。特定秘密保護法が成立した現在では、この最高機密文書の漏洩は、メディア関係者でも重刑だが、この法律が制定されていない当時でも、漏洩の重刑は免れ得なかっただろう。

自衛隊では、想定しうる日本攻撃の可能性を分析し、その運用構想を定める統合幕僚監部が立案する「統合防衛警備計画」と、これを受けて陸海空の各幕僚監部が作成する「防衛警備計画」

が策定されている。そして、これを踏まえて、具体的な作戦に関する「事態対処計画」が作られ、さらに、全国の部隊配置、有事の部隊運用を定めた「年度出動整備・防衛招集計画」が作成されている。

「年度出動整備・防衛招集計画」では、その年の出動部隊の配置だけでなく、隊員一人ひとりの動員配置なども、具体的に計画されていると言われている。

このような自衛隊の最高の機密である作戦計画が、なぜ報道されたのか？　それは『朝日新聞』のスクープなのか？　漏洩なのか？　もし、この機密文書の内容を漏洩したとするなら、直ちに関係箇所へ自衛隊警務隊や検察庁の捜査・取り調べが開始される。ところが、この報道以降、警務隊などの捜査・取り調べが始まっているということも、何らかの調査をしているということも全くない。つまり、この『朝日新聞』の記事は、自衛隊サイドの「意図的漏洩」であり、残念ながらその意図的漏洩に報道機関が利用されたということだ。

さて、問題は「中国の侵攻も想定」という、その作戦計画の内容だ。

まず、この「防衛警備計画」（04～08年度）では、北朝鮮、中国、ロシアを「脅威対象国」と認定している。「脅威対象国」とは、いわゆる仮想敵国のことだ。この仮想敵国の日本攻撃の可能性について、北朝鮮は「ある」、中国は「小さい」、ロシアは「極めて小さい」、「国家ではないテロ組織」による不法行為は、可能性が「小さい」とされている。

だが、この報道の中心は、「小さい」とされる「中国の脅威」についてである。その中国については、どのように想定されているのか。

①日中関係悪化や尖閣諸島周辺の資源問題が深刻化し、中国軍が同諸島周辺の権益確保を目的に同諸島などに上陸・侵攻。

②台湾の独立宣言などによって中台紛争が起き、介入する米軍を日本が支援したことから、中国軍が在日米軍基地・自衛隊施設を攻撃。

としているが、またこの具体的想定では、中国側が1個旅団規模で離島などに上陸するケース、弾道ミサイル・航空機による攻撃、都市部へのゲリラ・コマンドゥ（約２個大隊）攻撃なども予想されている。

そして、こういう事態への自衛隊の対処について、尖閣諸島などへの上陸・侵攻に対しては、九州から**沖縄本島、石垣島など先島諸島へ陸自の普通科部隊を移動**し、上陸を許した場合は、海自・空自の対処後、陸自の掃討作戦によって「**奪回する**」としている。

また、中台紛争下の中国軍による在日米軍基地・自衛隊施設への攻撃に対しては、**先島諸島に基幹部隊を**「**事前に配置**」し、状況に応じて九州、四国から部隊を転用する。都市部へのゲリラなどの攻撃に対しては、北海道から部隊を移動させ、国内の在日米軍基地などの警護のために特殊作戦群の派遣も準備するという。

つまり、前者で想定する作戦が、新『野外令』の「離島の防衛」でいう「**奪回による対処要領**」**の上陸作戦**であり、後者が「**事前配置による対処要領**」**の対着上陸作戦**である。そして、この防衛警備計画が想定している事態は、「尖閣有事」であり、「台湾海峡」有事である。つまり、この段階では、後述するアメリカのエアシーバトル構想などの、冷戦後の対ソ抑止戦略が具体化されていない中で、第1列島線防衛・海峡封鎖の防衛計画は策定されていない（後述）

しかし、いずれにしろここに見るのは、新『野外令』の制定後、自衛隊が着々と南西諸島防衛戦略・島嶼防衛作戦を具体的に策定し、「年度防衛警備計画」にまでそれを組み込んでいたということである。そして、私たちが認識すべきは、このような制服組の驚くべき「世論工作」、つまり、最高機密を「漏洩」してまで行う世論工作が、この時期に特に必要とされ、始まったということだ。

島嶼防衛の日米共同演習・上陸演習の開始

毎年8月下旬に行われる陸自の国内最大の実弾演習・富士総合火力演習は、東富士演習場で行われる、一般公開の実弾を使った演習として有名だ。ところが、今年の演習もそうだが、この「富士総火演」は、2012年から演習場を離島に見立て、上陸し侵攻してくる敵を撃退する想定で行われていたという。この「陸自に対する国民の理解と信頼を深める」（防衛省）ことを目的にして行われる演習が、島嶼防衛の世論づくり、自衛隊の「南西シフト」のための強力な宣伝戦としてなされていることに注目すべきだ。

しかし、この「富士総火演」で、島嶼防衛演習が始まるはるか前の２００５年から、自衛隊の島嶼防衛演習はスタートしている。すなわち、陸自教範『野外令』が改定され、２００４年新防衛大綱が発表されて以降のことである。

西部方面普通科連隊の島嶼上陸演習

２００５年１月の正月明けに始まった、陸自と米海兵隊との「離島防衛訓練」は、当時大々的にメディアにも報道された。自衛隊初の特殊部隊と喧伝された、西部方面普通科連隊が米海兵隊と初めて共同演習を行うからである。しかも、場所はアメリカ・カリフォルニア州サンディエゴの米海兵隊の演習場だ。

この陸自の訓練目的は、「島嶼部の防衛に関する能力の向上、島嶼部の作戦に必要な戦術戦闘、米軍との相互連携要領を実行動より演練」とされている。つまり、水陸両用戦、島嶼への上陸作戦を、その実戦部隊である海兵隊から教わるというものだ。

こうして陸自西部方面普通科連隊の、米海兵隊の共同訓練は、この年を皮切りに毎年行われるようになった(例えば、「平成26年度米国における米海兵隊との実動訓練」〔コードネーム「アイアンフィスト」〕)。

また、2005年というこの年を皮切りに、自衛隊と米軍との本格的な島嶼防衛演習も公然となされていく。その最初の演習が、2006年の日米共同方面隊指揮所演習「ヤマサクラ」だ。「島嶼防衛」「南西諸島有事」などを想定したこの日米共同の指揮所演習は、陸自では、西部方面隊を中心に約4千400人が、米軍では米本土の陸軍第1軍団、沖縄駐留の第3海兵師団からの約1千300人が参加した。また、指揮所演習の内容は、「共同作戦時の指揮系統を確認」し、「想定には、離島が武装勢力の侵攻を受けた場合の奪回作戦が盛り込まれた」とされている。

こうして、陸自の単独の島嶼防衛演習や、陸海空自衛隊の統合島嶼防衛演習も、この時期から活発化するのだ。

2010年度の「離島対処」演習は、陸自の方面隊の実動演習であり、明確に「離島対処」を演練する演習として注目を集めた。これは、本格的な「島嶼部における各種事態への対処」、

「離島侵攻に対する主要な訓練」として行われ、①島嶼部から内陸部に至る侵攻対処において海空自衛隊との連携要領などを実動訓練により演練、②米国における陸自部隊と米海兵隊との実動訓練、③南西諸島防衛体制強化の観点から西方における空中機動力を強化などを演練項目として実施された。注目すべきは、「島嶼部から内陸部に至る侵攻対処」、つまり、非常に具体的な島嶼防衛戦が、敵味方に別れて行われたことだ。

このように、自衛隊の島嶼防衛演習も、日米の島嶼防衛共同演習も一段と実戦化していく。

２０１３年には6月10日から26日にかけて、日米共同統合演習「ドーンブリッツ」という日米の初めての実動演習が行われた。演習は、カリフォルニア州キャンプ・ペンドルトンでの海自の輸送艦「しもきた」からの上陸演習で始まった。ここでの指揮艦は、海自の「ひゅうが」（ヘリ空母）が務め、水陸両用戦司令部もこの艦に置かれた（西部方面普通科連隊の指揮）。また、上陸支援のための艦砲射撃をイージス艦「あたご」が実施、文字通り自衛隊初の水陸両用戦の訓練であり、日米共同の島嶼防衛演習となった。

沖縄周辺諸島での離島奪還演習

日米共同の島嶼防衛演習を経て、ついに２０１３年11月1日〜11月18日にかけて、自衛隊統合実動演習での島嶼防衛演習が始まった。自衛隊統合演習というのは、文字通り陸海空の3自衛隊の主要部隊が参加する大演習である（2年に1回実施）。ここには、陸海空から3万4千人が参加、演習の実施場所は九州・沖縄方面とされていたが、中心は沖大東島での上陸訓練であった。

沖大東島は、那覇の南東約408キロの太平洋上にある無人島だ。ここは米海軍の射爆撃場となっており、もちろん、自衛隊による同島の共同使用は初めてである。

ここでの演習の主要演練項目は、島嶼部防衛における着上陸に係わる統合作戦、統合輸送などであり、上陸作戦や輸送の訓練を実施するなど、事実上の「離島奪還訓練」となった。具体的には、沖大東島射爆撃場に、陸自西部方面普通科連隊が上陸作戦を模して、海自輸送艦に乗り込み、水陸両用のホバークラフト型揚陸艇「LCAC」（エルキャック）で島に近づき、この上陸部隊を空自戦闘機が実弾射撃で援護するというものだ。

さらに演習では、陸自の地対艦ミサイルを、陸自那覇駐屯地や空自宮古島分屯基地に配置したという（『琉球新報』2013年10月14日付）。

この時期から、島嶼防衛演習は、沖縄周辺の島々を演習海域・演習場にするなど、ますます活発化していく。主な島嶼防衛演習を簡潔に挙げておこう。

＊2014年5月10日〜5月27日、「平成26年度自衛隊統合演習・島嶼防衛演習」。実施場所

は、海自佐世保地区、奄美群島、沖縄東方海域。参加部隊は、陸自の西部方面隊を中心に人員５００人、海自から護衛艦「くらま」、護衛艦「あしがら」、掃海母艦「ぶんご」、輸送艦「しもきた」と艦艇4隻・搭載航空機の人員８２０人が参加。航空自衛隊からF-２戦闘機2機なども参加した。

＊２０１４年11月8日～11月19日、日米共同統合演習「キーン・スウォード15・26ＦＴＸ」、実動演習を実施予定。陸海空自衛隊約３万７０００人と米軍約１万人が参加。艦艇約25隻と航空機２６０機が参加。訓練目的は「離島奪還」で、沖縄・入砂島（無人島・久米島東約20キロ、渡嘉敷島から西へ約40キロ）を使用して行う予定。しかし、地元の渡名喜村が反対、当時の民主党政権も反対して中止に追い込まれた。演練項目は、水陸両用作戦、陸上・海上・航空作戦、統合後方補給であり、「武力攻撃事態における島嶼侵攻対処に係る自衛隊の統合運用要領及び米軍との共同対処要領の演練」が予定された。

＊２０１４年「平成26年度鎮西演習」（鎮西26、２０１０年から5回目）。右の日米共同統合演習と連動した西部方面隊の演習。奄美大島、江仁屋離島《えにやばなれじま》などが演習地に。参加部隊は西部方面隊、中央即応集団、補給統制本部、第2師団、東北方面特科隊、第2・第5高射特科群など。参加人員約1万6千５００人、車両約３千９００両、航空機約80機。演習項目は、水陸両用作戦、対着上陸作戦、対ゲリラ・コマンドゥ作戦、対艦・対空戦闘訓練などである。

＊２０１５年10月23日～11月13日、「平成27年度自衛隊統合演習」（実動演習）。実施場所は、日本周辺海空域で、演練項目は武力攻撃事態に際して統合運用の演練。同演習には統合幕僚監部・情報本部・陸海空自衛隊・自衛隊指揮通信システム隊など人員約2万5千人、車両約５千２００両・艦艇等約10隻・航空機約２５０機が参加。

演練項目は、陸自西方普通科連隊の水陸両用作戦（水路潜入による着上陸訓練及び上陸後の戦闘訓練）をはじめ、島嶼防衛における作戦や、その他の地域でも陸海空協同による作戦が数多く訓練された。九州でも地理的に離れた九州本土から、南西諸島などへの装備品の輸送などを想定し、空自C－１３０H輸送機に陸自地対艦ミサイル88式地対艦誘導弾（ＳＳＭ）を、海自C－１３０R輸送機に陸自地対空ミサイル03式中距離地対空誘導弾を積載し、輸送する訓練などが、統合後方補給（統合輸送訓練）の一部として行われた。

また、西部方面隊、北部方面隊隷下の特科部隊などが、日出生台演習場、鹿児島県の大隅諸島・奄美群島に展開、協同の防空・対艦訓練に参加した。この中で、北部方面隊隷下の第2師団、第5旅団、第1特科団、北方施設隊などが西部方面区へ転地演習を行った。90式戦車、99式１５５ミリ自走榴弾砲を含む計５００両以上の車両が、民間チャーター船や定期船などを活用して長距離機動し、奄美群島での訓練にも姿を見せた。

＊２０１５年日米統合訓練「ドーン・ブリッツ15」実動演習。この演習は、島嶼防衛におけ

る自衛隊の統合運用能力の維持・向上を図ることを目的に、８月31日～９月９日まで、カリフォルニア州キャンプ・ペンデルトン、米海軍サンクレメンテ島訓練場及び同周辺海・空域で行われた。訓練項目は、水陸両用作戦に係る一連の行動、および水陸両用作戦に係る指揮幕僚活動である。訓練参加部隊は、統合幕僚監部、陸自西部方面隊、中央即応集団、海自掃海隊群、護衛艦「ひゅうが」、護衛艦「あしがら」、輸送艦「くにさき」、空自航空総隊等が参加した。米軍は、米海軍第３艦隊、米海兵隊第１海兵機動展開部隊などが参加した。

以上のように、島嶼防衛戦に関わる主要な演習を見てきたが、２０００年の陸自教範『野外令』の離島防衛作戦の策定を皮切りとして、２００５年からは自衛隊および日米共同の島嶼防衛演習が始まった。しかし、このような島嶼防衛演習が本格化するのは、２０１０年以後であり、これは、アメリカの新たな国防政策の策定を待ってからであった。

というのは、１９９７年の新日米ガイドラインの策定、２０００年の『野外令』改定後、アメリカは２００１年から十数年にも及ぶアフガン・イラクの対テロ戦争の泥沼に陥り、政治的にも財政的にも、対中抑止戦略を本格的に策定し発動する余裕を消失していた。そして、この対テロ戦争のメドがつき始めた２０１０年、ようやくアメリカの対中抑止戦略が策定されていくのである。それが次章の２０１０年のＱＤＲであり、エアシーバトル――オフショア・コントロールなどである。

第3章　日米の東中国海での「海洋限定戦争」

QDR2010年のエアシーバトル構想

アメリカの安全保障政策については、20年先までを視野に入れたQDR（Quadrennial Defense Review、4年ごとの国防計画見直し）がよく知られている。これは、アメリカ国防総省が、将来の安全保障計画を構築するために行う国防計画の見直しであり、国防戦略・兵力構成・予算計画などについて包括的に検討し、議会に報告書が提出される。大統領の発表する「国家安全保障戦略」や国防長官の「国家防衛戦略」、統合参謀本部議長の「国家軍事戦略」とは異なり、4年ごとに発表されている。

2006年発表のQDRは、日本の2004年新防衛大綱、2005年安保再編を先取りして連動しており、基調は「対テロの長期戦争論＝非対称戦争論」であったが、「戦力投射能力に対する混乱型の脅威の対処」（中国脅威論）として、アジア・太平洋シフトへの米軍再編――空母群・潜水艦戦力の60％を太平洋に配備することもまた謳われていた。そして、「中国は、

米海軍のイージス艦（横須賀）

軍事力、特に国境を越えてパワープロジェクション能力の向上に資する戦略兵器に重点的に投資」し、第７艦隊の空母打撃群はもとより「沖縄米軍基地も無力化」という危機感も吐露されていた。

だが、この２００６年のＱＤＲは、長引く対テロ戦争を反映して、この段階では未だ本格的に対中抑止戦略には踏み切っていないと言えよう。

しかし、米軍の対テロ戦争の主要戦場であった、イラクからの撤退の見通しがたった２００９～10年ころから、アメリカの対中抑止戦略は、再始動していくことになる。２００９年には、米国防総省の毎年度の報告『中国の軍事力』が発表されたが、ここで初めて中国の「接近阻止・地域拒否」戦略（アクセス阻止（Anti-access）Ａ２及び領域拒否（Area-denial）ＡＤ）、いわゆるＡ２／ＡＤ能力が問題にされる。分かりやすい用語では、中国の「第1列島線・第2列島線の防衛論」である。

この状況の中で２０１０年のＱＤＲが発表され、対中抑止戦略が本格的に発動されることになった。２０１０年ＱＤＲは、それを以下のようにいう。

「中国は長期的で包括的な軍近代化の一環として、大量の新型中距離弾道ミサイルと巡航ミサイル、進歩した兵器を備えた新型の攻撃型潜水艦、能力を向上させた長距離防空システム、電子戦とコンピューターネットワーク攻撃能力、新型戦闘機、及び対宇宙システムを開発し配備……米国の戦力投入部隊は他の領域においても増大する脅威に直面している。近年、多数の国が海上作戦に脅威を及ぼす精巧な対艦巡航ミサイル、静かな潜水艦、新型機雷、その他のシステムを取得」

このような情勢に対して、ＱＤＲは「統合空海戦闘構想の開発」として「空軍と海軍は、接近阻止と航空拒否の精巧な能力を持つ相手を含む軍事作戦の全範囲において相手を打破するために、共同して新しい統合空海戦闘構想を開発」「この構想は、米国の行動の自由に対する増大する挑戦に対抗して、全ての作戦領域――空、海、宇宙、及びサイバースペース――を通じて、空軍と海軍が能力をいかに一体化するかに取り組む」（傍点筆者）と米軍の新しい戦略を発表した。

これが、２０１０年ＱＤＲでうち出されたところの、米軍の「統合エアシーバトル構想」

（Joint Air Sea Battle Concept：JASBC）である。

中国本土攻撃を想定するエアシーバトル

エアシーバトルの構想の内容は、言い換えると「米国の行動の自由」（アジア太平洋地域の覇権）に挑戦する中国の「アクセス阻止・エリア拒否戦略」（この内容は中国がうち出している概念ではなく米軍が提示しているもの）に対抗して、陸・空・海・宇宙・サイバー空間の全ての作戦領域における統合作戦を遂行するということである。

これは、中国のＡ２／ＡＤ能力、つまり、中国の海空戦力・対艦・対地ミサイルによる第１列島線・第２列島線への接近拒否に対抗する、アメリカの「対抗的中国封じ込め戦略」（２０１２年「米国国防指針」）である。しかし、これは単なる第１列島線への封じ込めには留まらない。

エアシーバトル構想は、また「ネットワーク化され、統合された部隊による縦深攻撃で、敵部隊を混乱、破壊、打倒すること」（２０１３年「エアシーバトル室」から）でもある。この「縦深攻撃」とは、中国本土への攻撃のことであり、中国の戦略軍司令部の破壊まで想定しているのだ。

ところで、アメリカの民間のシンクタンクで、米国防総省に影響力を持つというアーロン・フリードバーグ（『アメリカの対中軍事戦略』芙蓉書房刊）は、統合エアシーバトル構想の想定する作戦について、具体的に次のように分析している。

エアシーバトル構想では、まず初期の作戦として中国軍の初動の攻撃に耐え、対処能力・抗堪性《こうたんせい》を強化することがポイントである。すなわち、警戒監視の強化、航空機の分散配置、基地防空の強化などによるミサイル攻撃の被害を局限化する（この初期の被害を抑えるために、第7艦隊空母群のグアム以遠への後退も想定）。

そして、第1段階の作戦として、ミサイル攻撃の効果を低減するための中国の情報・通信などの戦闘ネットワークに対する攻撃作戦、長距離攻撃システム（ＯＴＨレーダーや通信中継プラットホームなど）に対する制圧作戦、中国の宇宙システムへのサイバー攻撃などを実施し、さらに「日本の防空・ミサイル防衛網を強化、東シナ海から琉球列島線まで航空優勢を確保」「人民解放軍の東・南シナ海へのアクセスを拒否するため主として米国・同盟国の航空戦力により対水上戦闘を実行」「対潜水艦バリア作戦（ＡＳＷ）を継続」するとしている。

さらに、第2段階の作戦では、「人民解放軍の対潜水艦戦脅威が損耗するまで輸送船団護衛任務などを継続」「後方地域に展開された人民解放軍を無力化」「中国の海上輸送を中断するため遠方封鎖を実行」（ここでの海上封鎖は、戦争を短期に終わらせるため）するという。

一見して明らかなように、エアシーバトルによる作戦構想は、中国本土の戦闘ネットワーク・長距離ミサイル基地・航空基地などのプラットフォームへの攻撃破壊作戦、つまり、通常

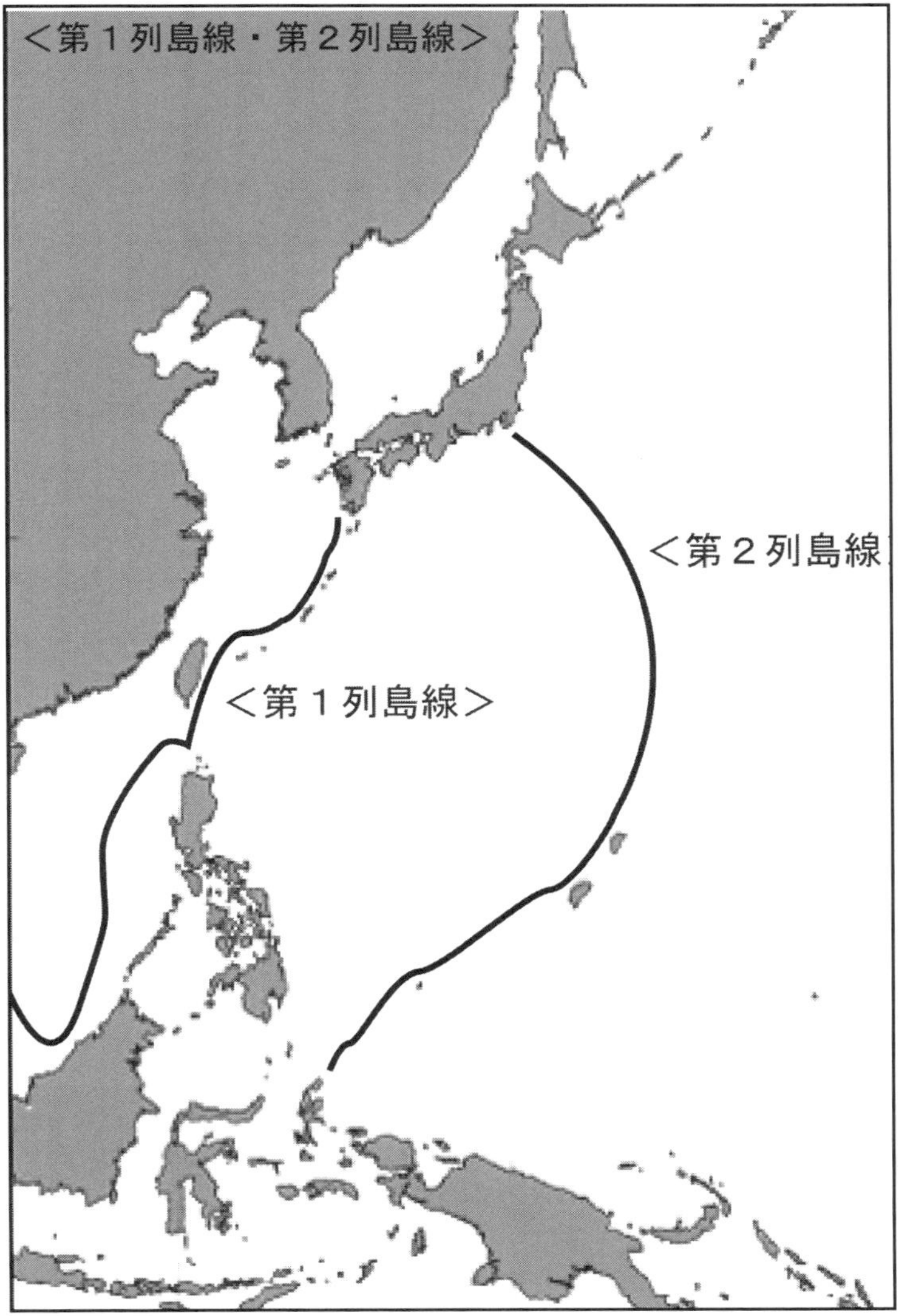
＜第１列島線・第２列島線＞
＜第２列島線
＜第１列島線＞

兵器による中国本土の指揮中枢・主要基地の攻撃を行う大規模戦争を想定している。そしてまた、後述するように、「中国の海上輸送の遠方封鎖」という、海洋戦争まで想定するのであるから、エアシーバトル構想は米中を中心にした通常兵器による全面戦争であり、不可避的にこれは核戦争に発展する。

アメリカのエアシーバトルの発表後、自衛隊制服組もこの新しい戦略の研究に必死になって取り組み、エアシーバトルに合わせた日本の役割——日米共同作戦態勢づくりに着手した。これについて、自衛隊内の研究資料では「米軍のエアシーバトルを分析し、自衛隊が動的防衛力をもって、共同作戦を実施することを明らかにすることは、将来のエアシーバトル作戦における日米共同作戦構想を策定し、それを踏まえた日本の防衛態勢を構築、エアシーバトルに対応する我が国の防衛力整備を行う」とし、エアシーバトルに合わせた日本の防衛力整備が、うち出されているのである。

後述するように、2010年以後、本格的に始動した島嶼防衛戦による先島諸島などの自衛隊配備計画は、まさしく、米軍のエアシーバトルに合わせた対中抑止戦略の本格的発動態勢づくりであり、そのための防衛力整備計画であった。

だが、このような統合エアシーバトル構想に対し、いくつかのその「修正」も始まっているようである。この1つがオフショア・コントロールという戦略構想だ。

オフショア・コントロールによる東中国海の封鎖

英語では浜辺をビーチと言うが、もっと広範囲な海岸・沿岸を言う場合はショアといい、そこからのオフ（離れて）は、「海岸から離れて」という意味だ。つまり、オフショア・コントロールとは、沖から海岸を離れて（向かって）コントロールすることをいう。

この戦略概念は、前述のエアシーバトルという戦略が、中国本土の奥深くまで戦争を拡大し、核戦争にまでエスカレートしかねないという危惧から、この想定される対中戦争を限定しよう、という要求から出てきたものだ。

オフショア・コントロールの構想は、まず第1段階として米国と同盟国の共同の航空力・海軍力を使用して、中国の石油・天然ガス・貿易などの海上輸送を遮断し、中国商船の同国の港への出入を阻止・封鎖することを中心としている。このためには、「中国の沿岸部直近から始まる海上封鎖」と「第1列島線に沿っての海上封鎖」（前掲『アメリカの対中軍事戦略』）が、戦略上のポイントとされる。そして、この海上封鎖は、遠距離海上封鎖——マラッカ海峡——ロンボク海峡（インドネシア群島）——スンダ海峡での中国船の停船・拿捕などの海上封鎖まで想定されている。

つまり、中国の世界貿易のほとんどを占める、アジア太平洋地域・インド洋地域の輸出入を封鎖し、中国の海上交通・海上貿易を完全に遮断するということだ（これは例えば、中国は国内総生産の50％を輸出入に依存し、石油輸入量の78％、海外貿易の85％が海上経由）。

オフショア・コントロールの戦略は、中国が遠洋での戦闘能力（渡洋能力）を保有していないことが前提になっている。現実に中国は、この渡洋能力の開発に必死になっており、南沙諸島の軍事化もその1つと言える。

このオフショア・コントロールの実際の発動態勢が、すでに２０１３年にシンガポール・チャンギ海軍基地に配備された「沿海域戦闘艦ＬＣＳ」２隻だ（２０１７年までに4隻配備）。オフショア・コントロールの提案者からすれば、現段階では沿海域戦闘艦（約千トン）10隻程度で、中国の世界貿易の大半は封鎖できるという。

しかし、オフショア・コントロールは「海洋拒否戦略」、あるいは「海洋限定戦争」と称するように、このような経済封鎖だけには留まらない。

これは、米軍と同盟国軍による海洋遠隔地のコントロールから始まり、次には中国近海全域で中国海軍艦艇・商船を撃沈し攻勢に出るとされる。「小型・高速かつ対艦巡航ミサイルで武装した水上艦は、**第1列島線に沿って設置された沿岸陣地から発射されたミサイル**とともに、中国沿岸部への主要アプローチをいくつか封鎖」する。第1列島線内では、この作戦の大半は、

限定的航空戦・潜水艦・機雷・水中無人艇で行われる。

また、この作戦の目標は、第1列島線内に無人地帯を作り出すことにおかれ、「琉球列島の小さな島々、フィリピン群島の一部、さらには韓国沿岸に配備された対艦ミサイルと水中監視システムを組み合わせることにより、攻勢的な対潜水艦戦は、中国海軍の水上艦艇ならびに潜水艦が第1列島線を突破し、西太平洋の広大な海域に打って出ることを、きわめて困難にする」ということだ（以上は前掲『アメリカの対中戦略』）。

エアシーバトルでは、海上封鎖について「中国の海上輸送の遠方封鎖」とされ、作戦の後半に予定されていたが、オフショア・コントロールでは、これは「米軍と同盟国軍による海洋遠隔地のコントロール」として、作戦の初期に予定されている。

いずれにしても、2つの戦略構想とも、作戦の目標として「第1列島線内に無人地帯」を作り出し、中国のA2／AD能力を無力化することが共通する。この戦略構想にとって、第1列島線――琉球弧は、まさに天然の障壁であり、対中国への「万里の長城」となっているのだ。

しかし、東中国海において、中国を経済的・政治的・軍事的に全面的封鎖し、封じ込めるという作戦――東中国海の無人化が、やはり日米中の全面戦争・核戦争にエスカレーションしないという保障は成り立たない。

「制限海洋」作戦による「海洋限定戦争」論

これについて、米海軍大学教授のトシ・ヨシハラとジェームズ・R・ホームズは、「制限海洋作戦が中国に対しては効果的である」とし、「制限戦争は島国大国に対して、あるいは海洋により隔てられた大国にのみ恒久的に可能であり、離隔した目標を孤立させるだけでなく、本国に対する侵攻を阻止し得る制海権保持能力がある場合のみ可能」とする。

そして、彼らは核戦争へのエスカレーションを防ぐために、「戦闘行為の範囲と持続期間を十分に低くするということ、中国政府が目的遂行のため、最後の審判の日の武器を使用することに賛成しない程度に、十分に抑制的である」とすべきとし、したがって、「米政府にとっては、展開兵力の種別や量について、核の閾値《いきち》以下に留めることが肝要となる」としている（『海幹校戦略研究』第2巻第1号増刊2012年8月）。

米海軍大学の執筆者はまた、米国の戦略策定者は作戦目標について同盟国支援のため、中国人民解放軍に多大な出血を強要するような派遣ではなく「海軍力により孤立化させ得る、敵領域の明確な一部への影響力使用また確保のための限定作戦」とすべきであるとし、この「海洋限定戦争」を提唱するのである。

このような第1列島線をめぐる戦争が、「海洋拒否戦略」、あるいは「海洋限定戦争」と称され、後述するように、「自衛隊を主力」（ヨシハラらの言う限定作戦）として行われる戦争である。そしてまた、この「海洋限定戦争」に基づいて策定されているのが、自衛隊の島嶼防衛作戦であり、先島諸島などへの配備である。

しかし、先のエアシーバトルと同様、このオフショア・コントロールもまた、中国との熾烈な軍拡競争を招きかねない。とりわけ、中国海軍には、日米の対潜作戦はアキレス腱であり、中国が対抗的に海軍軍拡競争に踏み切ることは明らかである。

［参考］

＊アメリカの現在の戦略についての紹介

①エアシーバトルに替わる「ＪＡＭ―ＧＣ（ジャム・ジーシー）」戦略

２０１５年１月８日、米国防省は、エアシー・バトルの戦略――対アクセス阻止／エリア拒否（Ａ２／ＡＤ）作戦構想の名称を変更すると発表した。新たな名称は「国際公共財におけるアクセスと機動のための統合構想（Joint Concept for Access and Maneuver in the Global Commons: ＪＡＭ―ＧＣ」であり、通称はジャム・ジーシー（Jam, Gee-Cee）である。２０１６年中にその構想が正式に示されるという。

②第３オフセット（相殺）戦略……新戦略の発表

２０１４年11月15日、ヘーゲル国防長官（当時）が発表したのが、国防革新イニシアティヴ（ＤＩＩ）。

中国のA2／AD能力が拡大するとされる戦略環境の中で、先端軍事技術による優位性を維持し、米軍の作戦アクセスを確保することが同戦略の目標。「相殺戦略」の始まりは、冷戦当初の1950年代に欧州正面でのソ連の圧倒的な通常戦力に対して、ニュールック戦略と呼ばれる核戦力による大量報復から始まり、70年代以後の第2相殺戦略では、通常戦力で圧倒するソ連に対して、巡航ミサイルやステルス航空機、情報通信ネットワーク、精密攻撃兵器を組み合わせてソ連の通常戦力の抑止を図った。第3オフセット戦略では、具体的に無人機（攻撃・潜水）による作戦の展開、海中戦闘能力、長距離攻撃能力、ステルス性兵器の開発、伝統的戦力と新たな技術を結び付ける、統合したシステム・オブ・システムズとして機能させること、グローバルなネットワークを構築することが重要としている。

③オフショア・バランシング戦略

これは、現在のアメリカの戦略の見直しから始まっている。冷戦後のアメリカの戦略は、その一極支配を反映して常に世界の紛争に介入するものであったが、この積極的な介入で世界的にテロや紛争に対応した結果、その国家財政は悪化し、現在、軍事費の大幅な削減を迫られている。このために、冷戦期のような勢力均衡を維持し、自国のリスクとコストを抑えて周辺国を利用してそれを抑制するという政策を必要とするという。また、状況によってはバランサーである自国が、直接事態に介入し、それによってその勢力均衡を維持するというのが、オフショア・バランシングという戦略である。

重要なことは、この戦略の結論は、同盟国に対してリスクとコストの負担を求めていることであり、第3

オフセット戦略も、オフショア・コントロールも、中国を封じ込めるためのＡ２／ＡＤ対処への、日本の主体的動員（軍事費の増額を含む）を図っていることである。

④トシ・ヨシハラとジェームズ・Ｒ・ホームズの海洋限定戦争の１つのシナリオ（要約）

南西諸島は九州から台湾に至る列島であるが、ここが派遣部隊による介入に最適な例であろう。この列島は、（中国の）黄海、東シナ海から太平洋の外洋に出るためのシーレーンを扼《やく》するように立ちはだかっている。中国海軍は、台湾の脆弱な東海岸に脅威を与え、かつ戦域に集中しようとする米軍に対処するためには、琉球諸島間の狭隘な海峡を通り抜けざるを得ない。中国の指導部は、さらに台湾に対する強制作戦に先立ち、支援作戦として諸島の最も西寄りの部分を先制的に確保したいとの誘惑に駆られるかもしれない。このように、狭小な、外見は些細な日本固有の島嶼を巡る争いは、通峡／通峡阻止を巡る戦いでは、紛争の前哨戦として一気に重要になるのである。反対に、列島の戦略的な位置は、日米にとり、形勢を中国の不利に一変させる機会を与える。

米国及び日本にとって、この列島の戦略的位置が中国政府との関係をひっくり返すチャンスとなるのである。島嶼に固有のアクセス阻止、エリア拒否部隊を展開することにより、日米の防衛部隊は、中国の水上艦艇、潜水艦部隊及び航空部隊の太平洋公海への重要な出口を閉鎖できるのである。効果的な封鎖作戦を遂行することにより、人民解放軍指揮官はこれらの連合軍派遣部隊を無力化したい誘惑に駆られることであろう。しかしながら、そのような行動は人員と資材の損耗を招き、中国の戦争遂行能力の大部分を失うこととなろう。

何故ならば、中国政府にとって、本来些少の利益しかない島嶼を巡る紛争は、制限戦争の範疇では、エスカレーションに見合うだけの効果が無いと判断されると考えられるからである。人民解放軍がこの誘導弾の脅威（先島諸島配備の）を排除しようとすれば、如何なる場合でも約６００マイル幅の戦線が必要となろう。優勢を確保しようと空軍作戦、弾道弾・巡航ミサイル攻撃を実施することにより、人民解放軍の弾薬、機体、搭乗員の消費、損耗の加速が不可避となる。強襲上陸作戦、これは島嶼防衛部隊撃退の最も確かな方策であるが、同時に最も危険な手段となる。なぜなら、日米の潜水艦部隊が上陸部隊に大きな被害を与えるからだ（傍点・括弧内は筆者）。

第4章 「島嶼防衛」作戦の様相

制服組の島嶼防衛研究

自衛隊内には、幹部自衛官を中心にしたいくつかの研究誌がある。陸自の『陸戦研究』、海自の『海幹校戦略研究』、空自の『鵬友』、そして、防衛研究所の『防衛研究所紀要』などだ。陸海空自衛隊の研究雑誌は、かつては部外者が閲覧するのは難しかったが、現在は国会図書館に納本されており、そこで閲覧できる。また、防衛研究所の紀要などは、インターネットでも公開されている。

これら自衛隊内の雑誌で、今盛んに研究されているのが、かつてのアジア太平洋戦争の島嶼防衛戦だ。サイパン・テニアンなどのマリアナ戦、ガダルカナル戦、沖縄—先島諸島の島嶼防衛戦、そして、1982年のフォークランド戦争などだ。筆者が「島嶼防衛」の戦跡を調査した『サイパン&テニアン戦跡完全ガイド』なども、防衛省から注文が入るほどである。

この中で、自衛隊がもっとも研究に力を入れているのが、フォークランド戦争の研究だ

(『フォークランド戦争史』防衛研究所発行・全文369頁)。

フォークランド戦争とは、1982年、イギリスとアルゼンチンとの間で起こったフォークランド諸島(アルゼンチン名:マルビナス諸島)の領有を巡る戦争である。この戦争の具体的政治内容は省略するが、戦争はイギリスから約1万3千キロも離れたその島嶼を巡る戦争であったこと、その戦争の規模が奇襲占領したアルゼンチン軍約1万人に対し、上陸するイギリス軍約9千人(派遣部隊は1万1千人)との、「海洋限定戦争」であったこと、つまり、先島諸島──琉球列島弧を巡る戦争に類似していることが、この熱心な研究の原因である。

この戦争の双方の兵力は、具体的にはアルゼンチン軍のフォークランド諸島陸軍部隊7個連隊の兵力に対し、イギリスは、2個陸軍空挺大隊の増強を受けた海兵隊第3コマンド旅団、海軍はSTOVL機(垂直離着陸機)を搭載した空母2隻ほか戦闘艦艇等39隻、海軍補助艦艇22隻と攻撃型原子力潜水艦6隻、空軍はバルカン戦略爆撃機・洋上哨戒機、輸送機などが動員された。こうして、イギリスは、アルゼンチン軍の同島への侵攻から5日目に、空母・駆逐艦からなる機動部隊(49隻)を出撃させ、長距離機動を行ったが、このとき、同島とイギリスの中間にあるアセンション島を中継基地(前方展開基地)に使用した。

また、戦闘は、同年4月12日、イギリスのフォークランド諸島周辺での海上封鎖から始まり、イギリス機動部隊は5月1日から、水上艦艇及び航空機によるフォークランド諸島への攻撃を開始した。同日、アルゼンチン空軍・艦隊が、イギリス機動部隊を迎撃するために出撃したが、イギリスの一方的勝利に終わった。

５月20日からイギリスは、サン・カルロスへ上陸を行い、アルゼンチンはこれに対し上陸阻止のための航空機による艦艇攻撃を行ったが、陸上部隊に対する地上攻撃は行わなかった。イギリスは６月10日、兵員及び物資の輸送を完了し、同11日から本格的攻撃を開始し、次々とアルゼンチン軍の拠点を制圧したが、アルゼンチン軍は次第に戦意を失い、降伏した。

この戦争でアルゼンチン側の死者は６５５人、負傷者は１千３３６人、イギリスは死者２６３人、負傷者７７７人であった。

さて、このフォークランド戦争によるイギリス側の教訓では、兵力の同島への長距離の機動・上陸とともに、兵站物資の輸送が最大の難問であった。

ここでは、１個旅団約９千名の上陸に、空母２隻・駆逐艦10隻・フリーゲート13隻・強襲揚陸艦２隻などのほか、民間船舶約45隻を派遣した（最終的に１１０隻以上の艦艇を派遣）。

特に、その輸送の量は、商船だけで兵員９千人と貨物10万トン、航空機95機、燃料40万トンに及び、糧食については、約30日分を搭載、１００万個の野戦レーション（野戦食）と１千２００万個の普通食が送られた。ここで重要になったのが、中継地点だ。イギリス本国からちょうど中間の約６千キロのアセンション島は、この膨大な兵站物資を輸送するのに最大の役割を果たしたのである。

見てのとおり、このフォークランド戦争は、自衛隊の島嶼防衛作戦の手本ともなっている戦争だ。自衛隊が熱心に研究するのも分かる。イギリス――フォークランド間の距離が、先島諸島――九州間と比較して相当に長いとはいえ、双方の島の様相、兵力の規模、戦闘の様相、そして何よりも部隊の長距離機動と長距離輸送――中継点の重要性という意味で、酷似しているとされるのだ、つまり、フォークランド戦争は、自衛隊が想定する典型的な「海洋限定戦争」であるということである。

［**参考**］

＊米軍第1海兵遠征旅団（1MEB）の輸送のための事前集積船（グアム・サイパン）……海兵遠征旅団の強襲部隊は、4万トン台のコンテナ貨物船5隻と中速コンテナRORO船（車両甲板を持つ貨物船）5隻の計10隻が、サイパンなどに事前集積。海兵空地任務部隊が30日間の戦闘を行えるだけの充分な機材、補給品、弾薬を積載。

島嶼防衛のための3段階作戦

現在、南西重視戦略の下に自衛隊が策定しつつある先島諸島――琉球列島弧の島嶼防衛戦が、このような、アジア太平洋戦争やフォークランド戦争を教訓、戦訓としてなされようとしていることは疑いない。

陸自が最近、島嶼防衛戦のためにしきりに宣伝している、「島嶼防衛のための3段階作戦」など、もっともこれが活かされていると言えよう。陸自は、これを防衛白書はもとより、わざわざパンフレットまで作成して宣伝している（パンフ「陸上自衛隊」2016年3月）。以下のような3段階の作戦である。

①第1段階は、**平素からの部隊等配置**による抑止態勢の確立
②第2段階は、機動運用部隊等の実力部隊による緊急的かつ**急速な機動展開**
③第3段階は、万一島嶼部の占領を許した場合における**水陸両用部隊による奪回**

引用したパンフでは、「先遣部隊」「即応機動連隊」「即応機動師団・旅団」「増援部隊」が図示され、それぞれ、「即応展開」「1次展開」「2次展開」「3次展開」として表示されている。言い換えると、「先遣部隊」が「平素からの部隊配置」（与那国島・石垣島・宮古島・奄美大島への「事前配備」）であり、「即応機動連隊」が現沖縄駐留の増強第15旅団などであり、「即応機動師団・旅団」「増援部隊」が、「急速な機動展開」による現中期防衛力整備計画で編成中の即応機動運用部隊である。そして、この即応機動運用部隊は、先遣部隊への増援部隊であると同時に「奪

回」作戦のための増援部隊でもあるが、その奪回の中心軸になるのは「水陸機動団」（旅団に増強予定の西部方面普通科連隊）である。

しかし、問題は、アジア太平洋戦争の島嶼防衛戦の戦訓が示すように、島嶼防衛作戦には、その特有の困難がつきまとう（世界中の島嶼防衛戦でも成功例はほとんどない）。まず、島嶼防衛戦の舞台となる島々には縦深がなく、まったく長期持久が利かないことだ。例えば、サイパンは面積115平方キロ、石垣島229平方キロ、宮古島159平方キロで、いずれも、海岸から奥地までわずかな距離しかない。しかも、宮古島などは、ほとんど山地もないという地形だ。

「宮古島はその平坦で起伏に乏しい地形のため、航空基地の設定に適し」ているが、「島全体が平坦で上陸可能地点が多い。敵の上陸を阻止する地形上の障害物が少ない」（2014年5月『陸戦研究』）と。

そして、これらの島嶼は、全島・全周のどこからも上陸作戦が可能であり、ある程度上陸地点を特定したとしても、防御側の膨大な兵力の事前配置・投入は避けられない。例えば、かつて日本軍は、サイパンに4万3千人、グアムに2万人、沖縄本島に11万6千人を配備し、島嶼防衛戦を行ったが、米軍はこれに倍する上陸軍を動員し、1、2の地点への上陸作戦を行った。つまり、旧日本軍の守備部隊は、「上陸地点・上陸正面」では、敵の5～10倍前後の攻撃兵力を迎える結果となってしまったのだ。

自衛隊の先の「3段階作戦」は、全島・全周防御の困難の中で作られた作戦計画であるが、この作戦の特徴は、先島諸島などへの「事前配備部隊」については、あらかじめ膨大な兵力を割かないということだ。つまり、長期持久戦や全周防御が困難であるから、「事前配備」部隊（初動部隊）は、敵の上陸作戦には一応、対着上陸戦闘を行うものの、基本的には遊撃部隊となって戦い、味方部隊の増援と上陸支援、その後の統合部隊による着上陸戦闘で勝利を得るという構想である。

サイパンに上陸する米軍

このような想定は、各種の研究でなされているが、例えば富士学校の「離島作戦における普通化の戦い方」（『ＦＵＧＩ』２０１２年４月号）には、以下のように説明されている。

「無数に点在する離島を防衛するために事前配置部隊を分散して配置せざるを得ないため、当初配置した事前部隊のみで敵侵攻部隊の撃破は困難であり、逆上陸による増援又は奪回作戦が必要となります。現在の陸上自衛隊の奪回作戦能力を踏まえれば、事前配置部隊が島嶼の要点を確保している間に、空中機動部隊を含む普通科連隊を増援して地歩の拡大を図りつつ敵の増援を妨害し、彼我の相対戦闘力が逆転した段階で攻勢に転移して奪回するというシナリオが一般的である」

ここでは、「無数の離島」という言い方をしているが、全周防御も同様である。いずれにしても、先島諸島などに事前配備された部隊は、当初の敵に対する対着上陸戦闘だけで防御できるとは想定されていない（しかし、防御できないとはいえ、先島諸島各島の陸上戦闘部隊は、現在の配備予定の数百人規模ではない。おそらく1個旅団規模の部隊が各島に配備される）。

そして、この事前配備部隊の任務は、味方の「着上陸部隊主力の着上陸初期の戦力推進の容易化」であり、そのために「着上陸部隊の上陸の援護及び安全化を図るために着上陸地域の要点確保及び障害処理」を行うとともに、味方部隊の上陸以後に予想される「敵の組織的抵抗を妨害するために主力の着上陸前後にわたり敵部隊・装備・重要施設等に対する襲撃」を行う。つまり、事前配備部隊は、敵の占領後の残存部隊としてゲリラ戦を行う、特に、味方の着上陸時には、味方は脆弱性をさらけ出すから、これを遊撃戦等で援護せよ、ということである（以上同『FUGI』）。

ところで、かつての島嶼防御戦で旧日本軍は、島々の海岸線の至るところにトーチカ等の防御施設や地下壕を築城し、米軍の凄まじい砲爆撃に対峙してきた。現在の島嶼防衛戦が最初の空海戦闘とりわけ、島嶼へのミサイル攻撃、海空攻撃で決定する以上、それは今も同様だ。特に司令部・弾薬・事前集積拠点の地下壕化は絶対的な必要条件となるだろう。

宮古島のパイナガマ・ビーチに残されている日本軍のトーチカ（自然を利用）

グアムの自然を利用した旧日本軍のトーチカ

この長期持久・全周防御の問題とともに、現代の島嶼防衛戦のもう1つの特徴は、最初の戦闘が敵味方のミサイル戦として始まることである。

アジア太平洋戦争での島嶼防衛戦は、その戦争の初期を除いてほとんど米軍の「島嶼攻撃戦」であったが、その米軍の攻撃は、空と海からの凄まじい砲爆撃で旧日本軍の陣地を徹底的に破壊するところから始まった。

この島嶼防衛戦に旧日本軍は、当初「水際作戦」を採ったのだが、築城されたトーチカなどの防御陣地はほとんど役立たず、その後の米軍の内陸部への重戦車による進撃は、旧日本軍が予想も出来ないほどの短期戦で経過し、旧日本軍は全面的に敗退したのであった（サイパンなどでの水際作戦の敗北の教訓から、硫黄島・沖縄などでは内陸部での「長期持久戦」が採られる）。

つまり、島嶼防衛戦の初期の作戦は、敵味方双方とも、島の海岸線はもとより、内陸部の部隊・司令部に至る、全ての「空と海からの攻撃・破壊」が、戦闘の勝敗を決するということだ。現代戦の特徴は、この最初の「砲爆撃戦」が、ミサイル戦として始まり（陸海空と潜水艦から）、次いで航空機・艦艇からの砲爆撃が行われるということだ。

これらからして、もう1つ明らかなのは、現在の巡航ミサイル、艦対地ミサイル、弾道ミサイルなどの命中率の正確さからして、地上に存在する司令部はもとより、全ての軍事・政治的拠点は、戦闘の初期段階で全てが破壊され尽くすということだ。そして、これは普通の地下陣

沖縄・豊見城《とみぐすく》市にある日本海軍司令部壕とその地下壕図

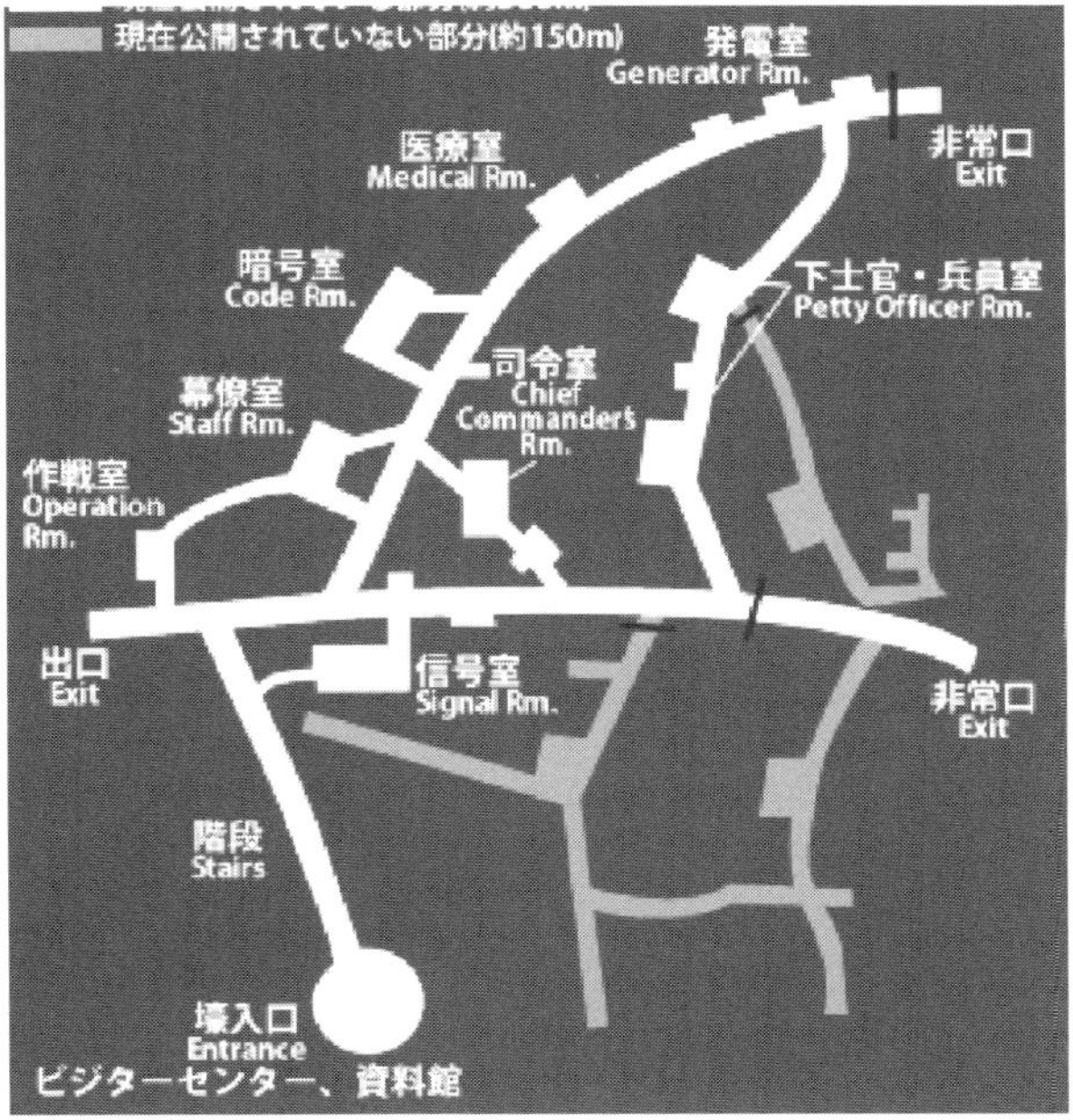

地では、問題にならないほど破壊される。

米軍がイラク戦争で、イラク軍司令部の攻撃に使用したバンカーバスター爆弾は、コンクリート6メートルの地下陣地を貫通し、それを破壊したのである。

こういう戦訓の中で、自衛隊の先島諸島の配備計画では、全てのミサイル部隊が、「車載」となっている。いわば、一定の基地や陣地は構築するが（石垣島などでは山岳）、全てのミサイル部隊は、島中を偽装し移動して戦闘を行うということだ。

島嶼防衛戦での陸海空の統合運用

さて、今まで見てきたのは島嶼防衛戦の時間的な流れであるが、実際の島嶼防衛戦は陸海空の立体的な、統合運用として行われる。これらについて、様々な研究を総合して自衛隊の島嶼防衛戦の実際の様相を検討してみよう。

・**第1段階**……機雷戦——対潜水艦戦（対潜バリアを含む）→対潜水上戦

・**第2段階**……敵味方相互のミサイル戦——対艦ミサイル・対空ミサイル・空対地ミサイル戦

・**第3段階**……航空戦闘、航空→水上戦闘、艦隊間の戦闘、水上戦闘→航空戦闘（制空権・制海権の確保）——海空協同の統合作戦

・**第4段階**……対着上陸戦——敵の上陸戦に対する事前配備部隊（普通科・特科部隊など）の対

着上陸戦闘と機動運用部隊の増援による戦闘、航空機・艦艇からの支援砲爆撃
・**第５段階**……敵の上陸を許した場合、残存部隊の抵抗陣地の構築、ゲリラ戦と着上陸部隊・増援部隊への情報戦
・**第６段階**……着上陸戦闘――上陸地点の制圧後の水陸両用部隊・機動部隊等による強襲上陸、艦艇からの支援砲撃、ヘリ部隊からの支援攻撃（ヘリボーン作戦）、空挺部隊の急襲降下（着上陸戦闘を含む）
・**第７段階**……上陸した島嶼の制圧↓陣地構築

自衛隊の島嶼防衛戦の戦略的重点は、宮古海峡・奄美海峡・大隅海峡・与那国東西水道の５海峡・水道（琉球列島弧・第１列島線）の確保を巡って戦われるが、まず、最初の戦いは海峡を封鎖・制圧する機雷戦として始まる（機雷の敷設・次頁図参照）。この機雷は、空中・水上から、潜水艦から投下され、中国艦艇の海峡通過を阻む。海自は機雷を設置できる、うらが型掃海母艦など対機雷艦艇26隻を保有（米海軍は11隻）しており、その能力は世界一である。

なぜなら、アジア太平洋戦争終了後、瀬戸内海を中心に日本列島の全港湾などにばらまかれた米軍機雷の掃海を行い、そのために創設されたのが旧海軍出身者で占める海上保安庁であったからだ。また、その後の朝鮮戦争で、米軍の半島上陸作戦において先陣（上陸作戦時の機雷掃

海上作戦の例

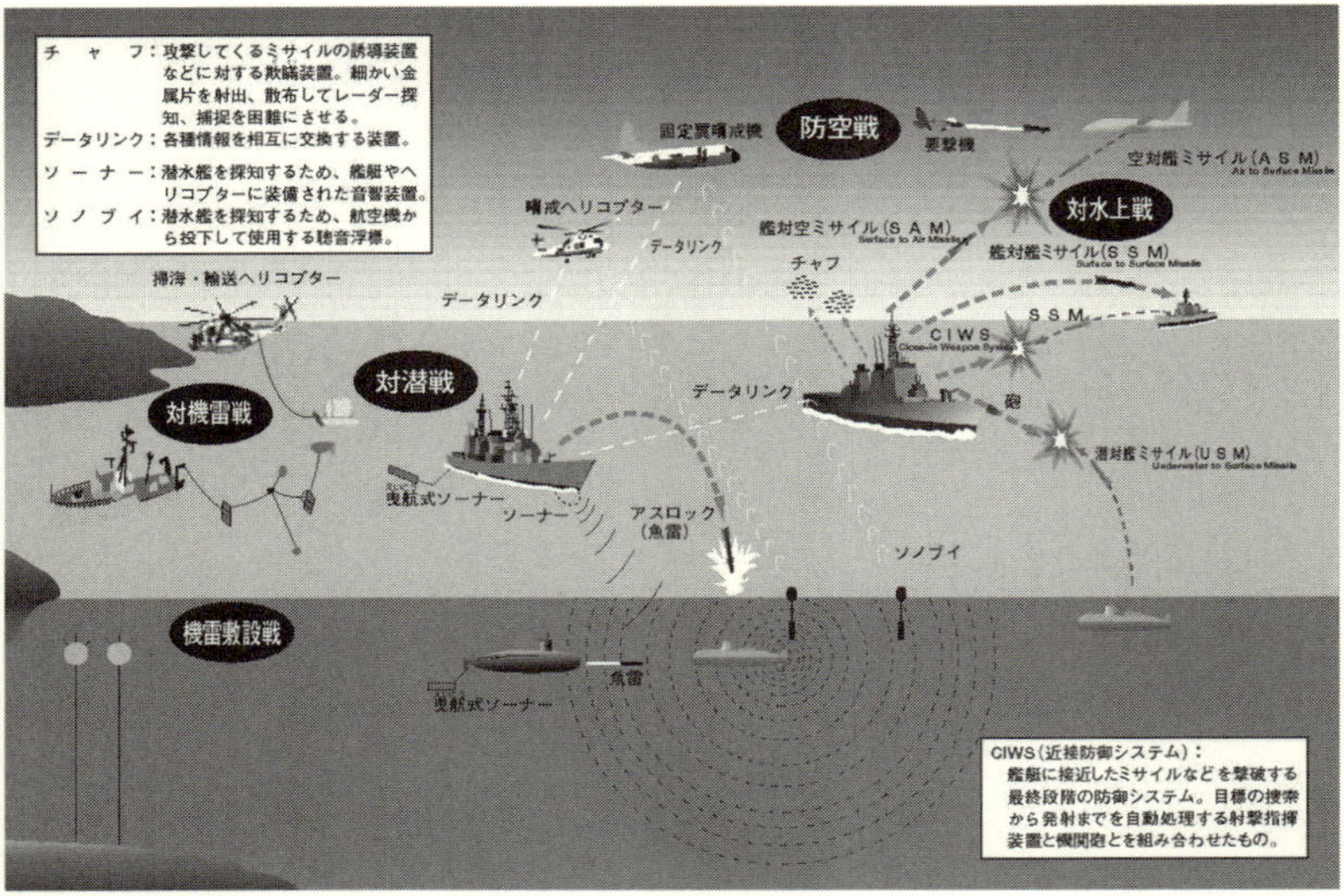

島嶼防衛戦での海自の作戦（防衛白書）

海）を切ったのも、海自の前身・海上保安庁であった（この海保のほとんどは旧海軍出身者）。

中国軍が、宮古海峡などの水面近くから海底まで敷設された機雷を突破したとしても、これらの海峡には「対潜バリア」が張り巡らされている。東西冷戦を機に、米軍は世界中の海に対潜バリアを張り巡らせているというが、すでに琉球列島周辺には、日米はハイドロフォンSOSUS（水中マイク）を施設しているという（対潜バリアは最高機密）。

この一端が明るみに出たのが1996年、那覇防衛局が建設した海自ASWOC（対潜水艦戦作戦センター）庁舎の建築の問題だ。これは、那覇市と海自の間で、那覇市による同センターの「工事通知書」の公開決定を巡って裁判になった。海自側は、工事計画の通知書・図面などでさえ、「秘密」にしていたが、これが海自の対潜水艦作戦の実態である。

つまり、自衛隊が予定するのは、機雷戦を手始めに第１列島線・琉球列島弧に対潜バリアを張り巡らし、「通峡阻止の対潜作戦」、いわゆるハンター・キラー作戦（ハンター＋キラーの両グループによる捜索・攻撃・撃破）を行うということだ。

言うまでもなく、島嶼防衛戦の勝敗の帰趨は、これら緒戦の対機雷戦・対潜水艦戦で決まり、対潜水艦戦については自衛隊が中国海軍に対して、圧倒的有利と言われている。また、海自の潜水艦を始めとした水上艦艇は、量はともかく質的には中国に圧倒的優位にたっている。現在、海自はイージス艦６隻が就航しているが、２０１３年の中期防衛力整備計画では２隻が追加され、８隻態勢になり、その海自全体の実力も米海軍に次ぐ世界第２位であると言われる。

このような、潜水艦戦・水上戦を経て、というか、同時に進行するのがミサイル戦争である。

付け加えると、筆者があえて機雷戦・潜水艦戦を初動作戦に挙げたのは、例のオフショア・コントロールとの関連である。つまり、日中・米中関係が一触触発の情勢に入るやいなや、まず中国側は、以上のような機雷戦、ハンター・キラー作戦を恐れて、保有する原子力潜水艦を第１列島線外に進出させようとするであろう。なぜなら、中国側がアメリカのマラッカ海峡封鎖などに対抗できる渡洋軍事力は、原潜以外にはないからだ。言い換えると、日米がもっとも恐れるのも、この渡洋攻撃力を持つ中国原潜の第1列島線外への進出である。

すでに述べてきたが、米軍は中国の弾道ミサイルなどの攻撃から身をかわすために、その空母機動部隊をグアム以遠に退避させる作戦であるが、この退避する部隊への最大の脅威になるのが、中国原潜部隊なのだ。したがって、自衛隊の島嶼防衛戦は、ミサイル戦争開始直前に機雷戦、ハンター・キラー作戦となるのである。

島嶼でのミサイル戦争の様相

さて、次いで始まるミサイル戦については、先に紹介したトシ・ヨシハラらの「アメリカ流非対称戦争」という論文が詳しく示している（要約、傍点筆者）。

「日本固有の島嶼を巡る争いは、通峡／通峡阻止を巡る戦いでは、紛争の前哨戦として一気に重要になる」が、「島嶼に固有のアクセス阻止・エリア拒否部隊を展開することにより、日米の防衛部隊は、中国の水上艦艇、潜水艦部隊及び航空部隊の太平洋公海への重要な出口を閉鎖」する。また、「陸上自衛隊の88式車載式の地対艦誘導弾は、分遣型戦争の遂行を決定する理想的な兵器」であり、「このミサイルの１１０マイルの射程が意味するところは、内陸部の

島嶼防衛戦での陸海空自衛隊の作戦（防衛白書）

発射基地から洋上の軍艦を攻撃できるということ」であり、「琉球諸島海域を適切にカバーするように誘導弾部隊を配備することにより、東シナ海の多くの部分を中国水上艦部隊にとっての行動不能海域」とすることができる（南西諸島配備のミサイルは、現在最新の12式地対艦ミサイル）。

（＊このミサイル部隊の運用についてのトシ・ヨシハラらの解説も需要――「『発射し回避する』、機動可能な発射装置は分散配備と夜間移動、あるいは隠蔽により、敵の攻撃を回避できる。トンネル、強化掩体壕、偽装弾薬集積所、囮《おとり》の配置等により、誘導弾部隊を識別、目標指示、破壊しようとする人民解放軍の能力を減殺することが可能である」）

　このようなミサイル戦争以外では、島嶼防衛戦はアジア太平洋戦争のそれとほとんど同様である。彼我の着上陸戦闘・対着上陸戦闘ともに、どちらが「制海権・制空権」を確保するのかが、決定的な作戦のカギとなる。サイパン戦・沖縄戦を始め、アジア太平洋戦争では、旧日本軍は完全に制空権・制海権を米軍・連合軍に奪われ、その島嶼防衛戦も最後は地上部隊だけの戦いとなり、「玉砕」し、全滅した。

この制海・制空権を巡る戦いは、文字通りの海空の統合作戦となるが、海上・航空を制した後の自衛隊には、やや有利に働くことになる。おそらく、自衛隊は、「海上・航空優勢」の上に、対着上陸戦闘、または、緊急増援部隊の着上陸を行うことになろう。

この段階の対着上陸戦闘で重要なのは、やはり島嶼防御のための、トーチカなどの防御施設、司令部・装備・補給所など地下壕の築城である。ミサイルからの攻撃、航空・海上からの砲爆撃には、堅固な地下施設は欠かせない。島嶼防衛戦は、ある意味では「地下壕戦」であり、この堅固な施設の需要性は、かつても今も同じである（北朝鮮や中国のミサイル部隊なども、ほとんど地下施設にあると言われる）。

自衛隊の島嶼防衛戦にとって、もう1つの重要な防御は、車載した対艦・対空ミサイル部隊の移動・隠蔽、そして、対空レーダー（移動式レーダー）の隠蔽・偽装である。これはすでに述べたとおりだが、これらミサイル部隊の移動・機動・隠蔽は、ミサイル部隊だけでなく、島嶼防御部隊全てに要求される。全島での移動・機動なしに、島々では生き残れないのだ（硫黄島を始め、部隊移動を含む地下壕戦を行った部隊は長期持久戦を持ちこたえた）。

さて、こうした現代戦での着上陸戦闘で想定されるのが、ヘリボーン作戦・空挺作戦である。島嶼の狭い地域で、ヘリ部隊の降下はともかく、空挺部隊の降下は難しいと思われるが、この戦訓はあるのだ。

その戦訓がフィリピン戦争での、米軍のコレヒドール島での空挺部隊の投入であった。１９４５年2月、米軍はコレヒドール島に立て籠もる日本軍に対して、激しい砲爆撃を開始するとともに、上陸作戦に先立ち、コレヒドール島の中央部の狭い地域に約2千人の空挺部隊を急襲降下させた。この空挺部隊は、一挙に日本軍司令部を占拠し、指揮中枢を破壊、数日後には堅固に守られた日本軍は壊滅していくのである。米軍への対上陸作戦のために配置されていた、約２００隻千人の特攻隊「震洋隊」も、ほとんど何の役にも立たなかったのである。

このような、空挺部隊やヘリボーン部隊の投入は、その奇襲効果をも含めて効力を発揮する。というのは、仮に島嶼防御の部隊が防御陣地に守られて残存していたとするならば、上陸する部隊は、たとえ水陸両用車を保有した部隊といえども、水際の脆弱性は避けがたい。この上陸作戦の宿命ともいえる、水際戦の犠牲を最小限にするために先の奇襲作戦が要求されるのだ。

島嶼防衛での制海・制空権の確保

なお、すでに紹介した陸自教範『野外令』では、「**対着上陸作戦**」について、「海上・航空優勢の帰すうが重大な影響を及ぼすので海上・航空部隊等と緊密に協同連携し、緊要な時期と場所における海上・航空優勢を獲得するとともに、綿密に統制・調整された対海上戦を実施することが重要」とした上で、島嶼防衛戦については「対着上陸作戦においては、各離島配置部隊ごとの独立戦闘能力の付与及び全周の防御を重視して、部隊を配置するとともに、海上・航空部隊等と協同して、敵の着上陸部隊を撃破する」「この際、対海上・海上・航空等火力による早期からの敵戦力の減殺及び敵の侵攻正面に対する予備隊の増強を重視する」としている。

また、「**着上陸作戦**」については、まず「**対処要領**」として「敵の侵攻直後の防御態勢未完に乗じた継続的な航空・艦砲等の火力による敵の制圧に引き続き、空中機動作戦及び海上作戦輸送による上陸作戦を遂行し、海岸堡を占領する。じ後、後続部隊を戦闘加入させて、速やかに敵部隊を撃破する。状況により、空中機動作戦を主体として、海岸堡を占領することなく速やかに敵部隊を撃破する場合がある」とし、「**基本的要領**」として「海上・航空優勢の獲得の下、増援部隊を阻止して敵部隊を孤立化させるとともに、航空・艦砲等の火力による敵の制圧に引き続き、空中機動作戦及び海上作戦輸送による上陸作戦を遂行し、海岸堡を占領する。この際、侵攻着後からの継続的な敵部隊の制圧、増援部隊の阻止による孤立化及び離島への戦闘力の推進を迅速にするための港湾・空港等の早期奪取が重要である」としている（『野外令』第5編「陸上防衛作戦」第3章第4節「離島の防衛」、傍点筆者）。

ところで、このような島嶼防衛戦での重要な問題は、島嶼防御が成功した例が戦史上でほとんどない、という戦訓だ。これは一見不思議に思えるかも知れない。だが、アジア太平洋戦争においても、戦争初期には米軍がグアム・コレヒドール島などの島嶼防衛戦でもろくも短期間に敗北を喫し、戦争後期には日本軍がそのグアム・サイパン・コレヒドール島などで同じ運命を迎えてしまったのである。

この原因は、一見して明らかだが、制空・制海権を失った島嶼防衛戦は成り立たない、ということにつきる。したがって、自衛隊の島嶼防衛戦の最後に想定される、水陸両用部隊を中心にした島嶼奪回作戦は、この制海・制空権の確保が大前提になろう。

さて、このような島嶼防衛戦でもっとも困難であり、解決するのが難しいのが、島々に在住する住民の避難、安全の確保だ。戦争の歴史が物語るように、サイパン・テニアン・フィリピン、そして沖縄戦など、日本軍はこれらの島嶼防衛戦で住民に凄まじい犠牲を強いてきた。サイパン・テニアン・沖縄などでの「集団自決」（実際は住民虐殺）は、この島嶼防衛戦なるものの恐るべき実態を如実に現している。

島嶼防衛戦とは、「住民混在の防衛戦」（富士学校『ＦＵＧＩ』）であり、このような住民居住地域で、まさしく「島嶼の徹底的な破壊戦」が戦われるのだ。そして、今まで述べてきたことから明らかなように、島嶼防衛戦は島々を「一木一草」も生えない焦土と化してしまうのである（住民避難問題については後述）。

対ソ抑止戦略下の「３海峡防衛論」と「第１列島線防衛論」

ところで、海峡防衛論——宮古海峡・奄美海峡などの防衛論やシーレーン防衛論などという言葉を聞くと、長きにわたって自衛隊をウォッチングしてきた筆者などは、「あぁ、またぞろ出してきたか」という思いを持たざるを得ない。物事を深く考えない日本人やマスコミなどは、１９８０年代の鈴木政権や中曽根政権下に盛んに唱えられた（煽動された）、ソ連封じ込めのための「３海峡防衛」や「シーレーン防衛論」、「日本列島不沈空母論」などは、すっかり忘れ去ったようだ。

この始まりは、１９８１年、当時の鈴木首相が米国を訪問し、ナショナル・プレス・クラブの演説で、「千カイリのシーレーン防衛構想」を発表したことからであった（１９７８年の日米ガイドラインの制定後）。この構想は、東京――グアムおよび大阪――台湾を結ぶ２本のシーレーン（海上交通路）の確立が日本にとって重要と喧伝され、このシーレーン防衛論を機にその後の中曽根政権では「日本列島不沈空母論」、「３海峡防衛論」（宗谷・津軽・対馬の３海峡＋千島海峡）が唱えられた。そして、これを口実にした１９８０年代の、日米共同作戦を軸にした自衛隊の増強・大軍拡が始まったのである。

　読者はここまで読んできて、東京からグアム、大阪から台湾の間の短い「シーレーン」に何の意味があるのか（その先はどうするのか）、これがなぜ「３海峡防衛」に関連するのかと、当然に疑問を持つだろう。しかし、

海自艦隊

この常識的な疑問について、当時の総理大臣も、防衛当局者・自衛隊制服組も、誰も疑問を持たなかったのだ。

実際のこの内容は、「シーレーン防衛論」を口実にしながらその実態は、旧ソ連軍の核搭載原潜・極東ソ連艦隊をオホーツク海に「封じ込める」ことにその目的があった。つまり、「ソ連脅威論」に基づく対ソ抑止戦略の一環として、その「封じ込め」戦略は、自衛隊が日本列島の3海峡を封鎖し、ソ連原潜・艦隊の太平洋への出口を、実力封鎖する態勢づくりを目的としていたのだ。

これは、当時の自衛隊制服組を除く軍事専門家の間では、常識に近い認識であった。だが、日本政府は、首相を含めて完全にアメリカ側に騙されたのである。

この問題について、最近まで米国家安保会議の東アジア担当補佐官であったマイケル・グリーンは、以下のような見解を暴露している（孫崎亨『日米同盟の正体』）。

「シーレーン防衛」については、当時の鈴木首相も外務官僚も含めて、日本政府の誰もが「シーレーン防衛」の本当の意味を理解していなかったという。つまり、「日本は経済問題の利害に敏感で日本経済は石油に依存している。これを利用し、このルートがソ連の潜水艦によって攻撃される危険性を強調する。これによって日本に潜水艦攻撃能力を持たせる。日本向けには南のシーレーン確保のためという。しかし、実際は北のオホーツク海を想定すればいい」と。

グリーンによれば、アメリカは当時、ソ連がオホーツク海を要塞化していることに懸念を強め、日本に焦点を当て役割と任務を割り当てることにし、その好機が81年5月の鈴木首相の訪米であった。ここで鈴木は、アメリカの意図を知り、千カイリの「シーレーンの防衛」を宣言した。この距離は、オホーツク海のソ連海軍力を封じ込めるのに充分であったが、鈴木自身は、自分の言った言葉の意味（シーレーン防衛）を充分に咀嚼していなかった。これは欧州でのソ連の攻勢に対応するために、オホーツク海のソ連潜水艦を攻撃することを意味していた、と。

問題は、日本の政府・官僚も騙されていたのだが、騙されていたのは「軍事オンチ」の政府・官僚だけではなかったのだ。孫崎はさらに、当時の海上幕僚監部防衛課長（防衛戦略・政策立案の責任者）であり、その後、統合幕僚会議議長を歴任した佐久間一の最近の言説を引用する。

佐久間は、「自分たちの関心は緊急時にどれくらいの石油を確保する必要があるかであった。千カイリだと北緯15度ライン、パラオ付近である。これを日本が確保し、それ以遠は米国が確保ということになる」（『佐久間一元統合幕僚会議議長のオーラル・ヒストリー』近代日本史料研究会、２００７年）。

驚かないでほしい。これが自衛隊の最高の軍事専門家のレベルなのだ。アメリカの言いなりであるばかりか、「シーレーン」の意味するものも、対ソ抑止戦略の意味も、全く理解できていないのだ。

こうして、1980年代の「シーレーン防衛論」が、対ソ抑止戦略のために徹底的にキャンペーンされ、自衛隊の本格的強化のために利用されてきたことは、その後の歴史が明らかにしている。これは、1978年の日米ガイドラインの初めての策定に基づく、日米軍隊の一体化(軍事同盟化)の始まりであり、アメリカによる自衛隊の対ソ戦略への補完的動員であった。この米軍との共同態勢の進展に伴い、80年代の当初から自衛隊とりわけ海自は、第7艦隊の補完戦力として再編されることになった。

海自は、例えば対潜哨戒機P-3C100機を装備するという、極めて変則的・跛行的な海軍戦力を保有することになった(この海自のP-3C保有数は異常である。世界では米海軍でさえ200機しか保有していない)。

また、アメリカによる自衛隊の対ソ抑止戦略への全面的動員は、必然的に1980年代の自衛隊の大規模な増強・強化となって現れた。当時の、公然として唱えられた、アメリカの「対日軍事力増強要求」に基づく軍拡は、遂に日本の軍事費のGDP1%枠を突破し、「世界第2位の軍事費大国」と言われるようになった。

海峡防衛論＝島嶼防衛論の虚構

見てきたように、南西重視戦略による、琉球列島弧の防衛論・第1列島線の防衛論（宮古海峡・奄美海峡など海峡防衛論）は、「シーレーン防衛論」「3海峡封鎖論」の、焼き直し以外の何ものでもないのである。

つまり、冷戦の終結――「ソ連脅威論」の崩壊後の、新たな敵、新たな脅威を求めての、焼き直し＝捏造でしかないということだ。

しかし、「南西諸島が海上交通の戦略上の要衝」（２００４年『防衛力の在り方の検討会議』のまとめ）という虚構は、今度は通用しない。安保法国会で安倍首相も答弁したように、日本の場合は、南西諸島――先島諸島を回避する海上交通路が存在するのである。フィリピン東への海上交通、回避ルートが可能なのだ。

それにしても、日本政府といい、自衛隊制服組といい、何と愚かしいことか。言うまでもないが、貿易国家日本のシーレーンは世界大に広がっている。これをどのように守るというのか。アジア太平洋戦争において、当時の狭い、限定された「大東亜共栄圏」のシーレーンでさえ守りきれず、1千万トンの軍民船舶が撃沈された教訓にさえ、彼らは何も学んでいない。貿易国家日本の生存は、シーレーンを軍事力で守ることではない。世界の全ての「海洋の平和」を「平和的手段で守る」ことであり、まさしく世界平和なしに世界貿易は成立しないのだ。

さて、このような「ソ連封じ込め」戦略は、当時の自衛隊の作戦にどのように影響したか。

この日米の3海峡封鎖作戦に対して、3海峡を閉じられるソ連軍は、その一部（北海道）に橋頭堡を築くために侵攻・占領することが想定された。つまり、海峡を突破するためのソ連の着上陸戦闘であるが、この軍事目標は、海峡に配置された自衛隊の対艦・対空ミサイル陣地の破壊・対潜バリアの破壊だ。対して自衛隊は、その海峡部・沿岸部での対着上陸戦闘（ミサイル戦・機甲戦）を想定し、北海道の徹底重視の部隊配備態勢を採ってきたのだ（北方重視戦略）。

まさに、この対ソ抑止戦略下の「3海峡防衛論」＝対着上陸作戦を、対中抑止戦略下での「海峡防衛論＝島嶼防衛論」として策定しているのが、現在の南西重視戦略の核心であり、実態である。

結論すれば、第1列島線を実力で封鎖する自衛隊に対して、中国軍がその封鎖を突破するために、先島諸島に「橋頭堡《きょうとうほ》」を築く着上陸戦闘を行い、自衛隊は、対して対着上陸戦闘――着上陸戦闘を想定するというのだ。

要するに繰り返すが、この南西重視戦略とは、ソ連脅威論――対ソ抑止戦略下（ソ連封じ込め政策）の3海峡防衛論の、単純な当てはめでしかなく、「出がらし」でしかない。その証拠に、恥ずかしいのか、自衛隊内のどの研究雑誌にも、この対ソ抑止戦略下の3海峡防衛論との関連は、見当たらない。あのアジア太平洋戦争下の、古びた島嶼防衛研究は多数掲載されているのに、である。

繰り返し述べるが、こういう意味からしても「尖閣防衛論」は、自衛隊の南西重視戦略には全く関係がない。「尖閣危機」などは、石原慎太郎の挑発による「尖閣の国有化」後に広がったものであり、単なる「尖閣戦争の煽動」という大衆煽動の材料でしかないのだ。

［**参考**］

＊元陸上自衛隊西部方面総監・用田和仁「南西諸島の防衛」（『日本の国防』第70号）

「この南西諸島の話が、尖閣であるとか小さなものに特化され過ぎて、皆さまはみんな尖閣、離島といえば尖閣の話しかしないのですが、それは大きな誤りで、いわゆる南西諸島の全地域が作戦地域になっているのですし、その小さな島1つだけの話ではないし、守りきらなければいけない所は20の島なのです。そこをいかに守り切れるかというのが焦点でして、それに対して機動師団、機動旅団という部隊を早く展開をさせることです。来年からは大きな島には事前に対艦ミサイル、防空ミサイル、それから一般の部隊が事前に入るようになります。これは非常に大きな目出しだと思いますけれども、事前に拠点を、いわゆる基地を作っておくということは非常に大切になります」（筆者註、「目出し」とは「目出し帽」の意味）

第5章　新防衛大綱による島嶼への増強配備

14年大綱で全面化した島嶼防衛論

わずか数行の記述しかなかった２０１０年の防衛計画の大綱に対して、２０１４年の防衛計画の大綱（２０１３年12月17日閣議決定。以下、「14年大綱」という）は非常に饒舌だ。これはエアシーバトルなどのアメリカの対中抑止戦略が公然と提示され、その「虎の威を借る狐」のごとく、「アメリカの圧力」を背景に、自衛隊の島嶼防衛戦略への大転換が一挙に進み始めたということである（１９８０年代には、日米共同作戦態勢形成の中で米国の「対日軍事力増強要求」がなされ、その圧力を口実に日本政府・自衛隊は軍事力増強を行った）。

14年大綱は、それを以下のように記述する（要約。ゴシック・傍点筆者）。

＊**「島嶼部に対する攻撃への対応」**……「島嶼部に対する攻撃に対しては、安全保障環境に即して配置され

た部隊に加え、侵攻阻止に必要な部隊を速やかに機動展開し、海上優勢及び航空優勢を確保しつつ、侵略を阻止・排除し、島嶼への侵攻があった場合には、これを奪回する。その際、弾道ミサイル、巡航ミサイル等による攻撃に対して的確に対応する」

＊「**重視すべき機能・能力**」……「島嶼部への攻撃に対して実効的に対応するための前提となる**海上優勢及び航空優勢**を確実に維持するため、航空機や艦艇、ミサイル等による攻撃への対処能力を強化する。また、島嶼部に対する侵攻を可能な限り洋上において阻止するための統合的な能力を強化するとともに、島嶼への侵攻があった場合に速やかに**上陸・奪回・確保**するための本格的な**水陸両用作戦能力**を新たに整備する。さらに、南西地域における事態生起時に自衛隊の部隊が迅速かつ継続的に対応できるよう、後方支援能力を向上させる」

・「**輸送能力**」……「迅速かつ大規模な輸送・展開能力を確保し、所要の部隊を機動的に展開・移動させるため、平素から**民間輸送力との連携**を図りつつ、海上輸送力及び航空輸送力を含め、**統合輸送能力を強化**する。その際、多様な輸送手段の特性に応じ、役割分担を明確にし、機能の重複の回避を図る」

・「**陸上自衛隊**」……「島嶼部に対する攻撃を始めとする各種事態に即応し、実効的かつ機動的に対処し得るよう、高い機動力や警戒監視能力を備え、**機動運用を基本とする作戦基本部隊（機動師団、機動旅団及び機甲師団）**を保持するほか、空挺、水陸両用作戦、特殊作戦、航空輸送、特殊武器防護及び国際平和協力活動等を有効に実施し得るよう、専門的機能を備えた機動運用部隊を保持する。

パトリオット・ＰＡＣ２（上）とＰＡＣ３（下）

この際、良好な訓練環境を踏まえ、（略）統合輸送能力により迅速に展開・移動させることを前提として、高い練度を維持した機動運用を基本とする作戦基本部隊の半数を北海道に保持する。また、自衛隊配備の空白地域となっている島嶼部への部隊配備、上記の各種部隊の機動運用、海上自衛隊及び航空自衛隊との有機的な連携・**ネットワーク化の確立**等により、島嶼部における防衛態勢の充実・強化を図る。（略）島嶼部等に対する侵攻を可能な限り洋上において阻止し得るよう、**地対艦誘導弾部隊**を保持する」

島嶼防衛への大再編が行われるのは陸自であるから、新防衛大綱の記述も自ずからここでは陸自中心にならざるを得ない。もちろん、海空自衛隊も島嶼防衛戦では主力部隊であるが、海空自衛隊は、もともと全国的に「機動運用」されているから、地理的重点を変えるだけで南西方面に展開できるのである。もちろん、海空についても南西重視による部隊増強が行われる。

海自の島嶼防衛戦については、「常続監視や対潜戦等の各種作戦の効果的な遂行による周辺海域の防衛や海上交通の安全確保」をすること、「水中における情報収集・警戒監視を平素から我が国周辺海域で広域にわたり実施するとともに、周辺海域の哨戒及び防衛を有効に行い得るよう、増強された潜水艦部隊を保持する」と、重点的に記述している。

また、航空自衛隊の島嶼防衛戦については、「グレーゾーンの事態等の情勢緊迫時において、長期間にわたり空中における警戒監視・管制を有効に行い得る増強された警戒航空部隊からなる航空警戒管制部隊を保持」するとともに、「能力の高い戦闘機で増強された戦闘機部隊を保持」し、「増強された空中給油・輸送部隊を保持する」としている。

この新大綱による島嶼防衛戦のキーワードは、「統合防衛力」であり「統合運用」である。「統合防衛力」とは、前大綱の「動的防衛力」に替わって打ち出された概念だが、新大綱では「統合機動防衛力の構築」として強調している。

統合防衛力、あるいは統合運用がもっとも不可欠なのが島嶼防衛作戦である。とりわけ新大綱が強調するように、島嶼防衛戦では「海上優勢及び航空優勢の確保」が作戦の中心である。海空自衛隊の水上戦・航空戦の統合なしには作戦自体が成立しない。また、この航空・海上の統合作戦は、同時に陸自のミサイル部隊・普通科などの地上部隊との統合なしに成り立たないのである。

ところで、自衛隊は3自衛隊の統合運用については、すでに2006年において「統合幕僚会議」を「統合幕僚監部」に改編し、統合幕僚会議議長についても「統合幕僚長」として権限も強化してきた。これについては、日米共同作戦での米軍側からの要求で進められてきた側面もあるが、やはり島嶼防衛戦の進展がそれを推し進めたというべきだ（新大綱の策定時には、統合幕僚長の「天皇の認証官」への格上げも検討されている）。

さて、新大綱では、さらに陸自の「方面隊を束ねる統一司令部の新設」（陸上総隊）が決定され、これを始めとして「方面総監部の指揮・管理機能の効率化・合理化等により、陸上自衛隊の作戦基本部隊（師団・旅団）等の迅速・柔軟な全国的運用を可能」とする指揮統制が形成されることになった。さらに、「島嶼への侵攻があった場合に速やかに上陸・奪回・確保するための本格的な水陸両用作戦能力を新たに整備」することも決定された。これが、日本初の海兵隊と言われる水陸機動団の創設であり、そのためのオスプレイや水陸両用車が大量に配備されるのである。

ここで指摘すべき重要なことがある。それは、新大綱で決定された陸上総隊の創設に関してだ。防衛省やマスコミは、単に海空と異なり（自衛艦隊司令部・航空総隊）、陸自には中央での統一指揮組織がなかったから作る、ということが言われている。しかし、この陸上総隊の創設は、陸自・自衛隊の歴史的転換ともいうべき問題だ。結論から言うと、陸自・自衛隊が、「外征軍」して生まれ変わる象徴的出来事が陸上総隊なのである。

周知のように、もともと陸自の最大の作戦部隊の単位は方面隊であり、方面総監は防衛大臣の直接の指揮監督を受けていた。方面隊は、方面総監部および基幹となる数個の師団または旅団などで編成されている。この方面隊が北部方面隊・東北方面隊・東部方面隊・中部方面隊・西部方面隊と5個あるが、見ての通り各方面隊は、地方を管轄する部隊であるとともに、その地方の独立指揮をする権限を持つ部隊である。

この方面隊が独立して指揮を執るという編成は、もともと自衛隊が自国内での戦争だけを予定する、もっぱら専守防衛の軍事力として存在していたことに起因している。例えば、九州への外国勢力の主侵攻があったとすれば、この戦闘は西部方面隊という、数万の兵力を擁した部隊を主力とし、その他の方面隊からの増援を求めるだけで足り得るものであったからだ。

したがって、陸上総隊の創設は、南西重視戦略――自衛隊の先島諸島への配備を通して、まさしく自衛隊が外征軍として展開する突破口になったというべきである。

新防衛大綱による部隊の増強と編成

新防衛大綱は、その全文に加えて別表に今後10年間に整備する部隊編成の目標をあげている。この中では、島嶼防衛関連の部隊編成が、以下のように計画されている。

まず、陸自は、「機動運用部隊」（緊急増援＋奪回）として、「3個機動師団」「4個機動旅団」が編成されるが、これらとは別に1個水陸機動団・1個ヘリコプター団が、新たに編成される。これが水陸両用車・オスプレイを装備した部隊である。また、地対艦ミサイル部隊の5個連隊の中から、地対空ミサイル部隊の7個高射特科群／連隊の中から、その一部が先島諸島に配備される。

海自は、護衛艦部隊では、現在の5個護衛隊から6個護衛隊に増強されるとともに、潜水艦部隊の現在の5個が、6個潜水隊に増強される。護衛艦も、現在の47隻から54隻に増強されるが、そのうち2隻はイージス艦である。また、潜水艦は、現在の16隻から22隻に増強される。つまり、ここでは島嶼防衛戦の推進、とりわけ、海峡封鎖作戦のために、護衛艦・潜水艦の大幅な増強配備が推し進められようとしていることが、明確に表れているのだ。

空自では、航空警戒管制部隊の1個警戒航空隊の2個飛行隊が、1個増え3個飛行隊となり、この増強分が沖縄・那覇基地へ配備予定である。戦闘機部隊も、現在の12個飛行隊から１個増えるが、この増加１個飛行隊が那覇基地で増派編成される。さらに、空中給油・輸送部隊も、１飛行隊から２個飛行隊へ増強されるが、この増強部隊も間違いなく那覇基地に配備されるであろう。作戦用航空機は、現在の約３４０機から約３６０機へ20機増加するが、この増加分は最新鋭のＦ‐35戦闘機（14年中期防で28機配備）である。

新中期防による島嶼部隊の増強

この防衛計画の大綱に基づき、おおむね5年ごとに具体的な政策や装備調達量を定めたのが中期防衛力整備計画（14年中期防・２０１３年12月）である。中期防は5年間（14〜18年）で24兆６７００億円という膨大な軍事予算が投入されるが、その内訳を見てみよう。

中期防において陸自は、２個機動師団・２個機動旅団が編成されることになっており、別個に水陸機動団も編成される。この機動部隊には「航空機等での輸送に適した機動戦闘車を導入し、各種事態に即応する即応機動連隊を新編」（14年中期防）とされるが、これが開発されたばかりの16式機動戦闘車（99両装備）である（写真・図参照）。

この機動戦闘車は、装輪装甲車で乗員４人、重量は約26トン、最高速度は１００キロ以上である。だが、装甲車というがこの車両は紛れもなく戦車であり、主砲の105ミリ砲は74式戦車の主砲と同等である。装輪装甲車は、空自のC-2輸送機（2016年度配備）によって空輸が予定されており、文字通り島嶼防衛戦用の装備だ。しかし、そのC-2の貨物積載重量は最大36トンでしかなく、島嶼防衛戦の緊急増派には向かないという批判が数多くある。また、戦車砲並みの主砲を装備しているが、対する戦車の装甲ほどはなく敵の戦車砲ないし同等の砲撃で貫通してしまうのだ。陸自は、機動戦闘車を14年中期防で99両、最終的には200両ほどを調達する予定だとされている。

14年中期防において、機動戦闘車を装備・保有して編成されるのが、即応機動連隊である。即応機動連隊は、すでに第14旅団隷下の第15普通科連隊（善通寺）が、2015年に改編を発表している。

すでに述べてきたが、14年中期防では「沿岸監視部隊や初動を担任する警備部隊の新編等により、南西地域の島嶼部の部隊の態勢を強化する」として、「速やかに上陸・奪回・確保するための本格的な水陸両用作戦能力を新たに整備する」として、そのために、「連隊規模の複数の水陸両用作戦専門部隊等から構成される水陸機動団を新編する」としている。これは、現西部方面普通科連隊約660人を、3個連隊からなる旅団として増強し、水陸機動団──海兵隊として編成するというものだ（14年中期防では、水陸両用車52両、ティルト・ローター機［オスプレイ］

機動戦闘車とその戦闘様相（戦車並みの砲）

17機取得）。

［参考］

＊戦車・火砲の大幅な削減……２０００年代まで陸自は、北海道を中心に戦車及び火砲をそれぞれ９００両／門装備していたが、現在（２０１３年度末定数）の規模は、それぞれ約７００両、約６００両／門である。新中期防では、将来の規模をそれぞれ約３００両、約３００両／門とするとしている。このために

本州の部隊の戦車は全て廃止される。

14年中期防では、すでに見てきたように空白についても南西地域における防空態勢の充実のためとして強化されるが、とりわけ海自の増強が顕著である。14年中期防では、この1個護衛隊群の増強について、「常時継続的な情報収集・警戒監視・偵察（ISR）活動や対潜戦等の各種作戦の効果的な遂行により、周辺海域を防衛し、海上交通の安全を確保する」というが、この問題について少し検討しよう。

知られているように、すでにここ十数年の海自の増強は、すさまじいものがある。その中でも注目を集めているのが、ヘリ搭載護衛艦「いずも」（2015年3月就航）などの、巨大艦「ヘリ

ヘリ空母「いずも」

空母」の建造だ。この護衛艦は、護衛艦とは名ばかりの、全長248メートル、基準排水量1万9500トン（満載時2万7千トン）の大型艦である。これには、大型車両50両、ヘリは最大で14機搭載できる。

この「いずも」は、旧日本海軍の主力空母などにも匹敵する。ちなみに、日本海軍の空母「大鳳」は、基準排水量2万9千300トン（満載時3万7千270トン）、全長260メートルだ。「いずも」の全長は、戦艦「大和」にさえ匹敵する（全長263メートル）。海自は、この「いずも」の他に、同じくヘリ搭載護衛艦「ひゅうが」（2009年就航）も就役しているが、こちらも全長197メートルで、基準排水量1万3千950トンもあり、ヘリも最大11機搭載できる。

これらは「ヘリ空母」として製造されているが、問題は単なるヘリ空母ではないということだ。例えば、14年中期防で導入される空自のF-35戦闘機は、日本が導入するのは通常型離着陸機F-35戦闘機Aであるが、このF-35戦闘機には短距離離陸・垂直着陸（STOVL）機のF-35戦闘機Bも、同時に製造されている。つまり、この戦闘機の運用の変更で、あるいは新たな取得で、通常型の空母に変えられるということだ（エンジンの推力を真下に向ける機構を追加することで、短距離離陸・垂直着陸機STOVL機としての性能を持たせる）。

また、これらのヘリ空母は、甲板が艦首から艦尾まで通じた全通甲板として造られており、いずれにしても空母への改修転用が可能である。

海自艦艇の大型化、言い換えれば「渡洋海軍」としての編成は、このヘリ空母だけでなく、一挙に進み始めている。輸送艦「おおすみ」型（3隻）では、全長178メートル、満載排水量1万4千トン（3隻で1個連隊搭載）が就航し、また、「ましゅう」型補給艦では、全長221メートル、満載排水量2万5千トンという巨艦まで就航しているのだ。

これに加えて、14年中期防では、「海上から島嶼等に部隊を上陸させるための水陸両用車の整備や現有の輸送艦の改修等により、輸送・展開能力等を強化する。また、水陸両用作戦等における指揮統制・大規模輸送・航空運用能力を兼ね備えた多機能艦艇の在り方について検討の上、結論を得る」としているが、これには米海軍並みの「強襲揚陸艦」の導入を検討することが伝えられている。

中国脅威論を全面化した新防衛大綱

2004年の防衛大綱を始めとして、これまでの防衛大綱の記述では、中国については「軍事力が不透明」などの穏やかな表現がなされてきたが、島嶼防衛戦略が始まる2014年の新防衛大綱からは、あからさまに「中国脅威論」の記述が目に付くようになった。

例えば、以下のように記述されている。

「中国は継続的に高い水準で国防費を増加させ、軍事力を広範かつ急速に強化している。また、中国はその一環として、周辺地域への他国の軍事力の接近・展開を阻止し、当該地域での他国の軍事活動を阻害する非対称的な軍事能力の強化に取り組んでいると見られる」

「中国は、東シナ海や南シナ海を始めとする海空域等における活動を急速に拡大・活発化させている。特に、海洋における利害が対立する問題をめぐっては、力を背景とした現状変更の試み等、高圧的とも言える対応を示しており、我が国周辺海空域において、我が国領海への断続的な侵入や我が国領空の侵犯等を行うとともに、独自の主張に基づく『東シナ海防空識別区』の設定といった公海上空の飛行の自由を妨げるような動きを含む、不測の事態を招きかねない危険な行為を引き起こしている。これに加えて、中国は、軍の艦艇や航空機による太平洋への進出を常態化させ、我が国の北方を含む形で活動領域を一層拡大するなど、より前方の海空域における活動を拡大・活発化させている」（傍点筆者）

自民党や政府関係者はもとより、自衛隊制服組に至る人々の中で「中国脅威論」をいたずらに叫ぶものほど、かつての日本の中国侵略戦争を否定したり、日本の戦争責任を否定する。そして、これらの人々に共通するのは、中国をことさら「ゴジラ化」して脅威を煽るということだ。

例えば、引用した防衛白書の中の「独自の主張に基づく『東シナ海防空識別区』の設定といった公海上空の飛行の自由を妨げるような動きを含む、不測の事態を招きかねない危険な行為を引き起こしている」という問題を、具体的に検討してみれば、一目瞭然である。

まず、前提的にここで言う防空識別圏（ＡＤＩＺ）について説明しよう。

航空自衛隊の設定する防空識別圏とは、１９５９年に米空軍から移管され、引き継いだものである。１９５０年、朝鮮戦争の開始とともに設置された米占領軍のレーダーサイトは、現在、ほぼ空自が運用する全国28箇所のレーダーサイトを網羅している。これらのサイトが、１９５９年、日米による「日本の防空実地のための取極」、いわゆる「松前・バーンズ協定」の締結によって、空自による防空任務開始と同時にレーダーサイトの運用も日本に移管されたのである。また、１９７２年の沖縄返還によって、沖縄に設置されていた米軍のレーダーサイトも空自に移管された。

さて、問題は、空自レーダーサイトの運用する「防空識別圏」についてだ。防空識別圏とは一般に、自国に侵入を図ろうとする航空機の識別や位置確認、統制を行うために定められた空域であり、領空よりも広範囲に設定されている。この範囲は、レーダーの探知範囲や仮想敵国、戦闘機等の到達時間などを考慮して設定されているが、おおよそ、領海基線から１００～６００キロの距離にある。

この防空識別圏については、国内法はもちろん、国際法上の規定もない。自衛隊の防空識別圏の設定は、「防空識別圏における飛行要領に関する訓令」（「防衛庁訓令」第36号・１９６９年8

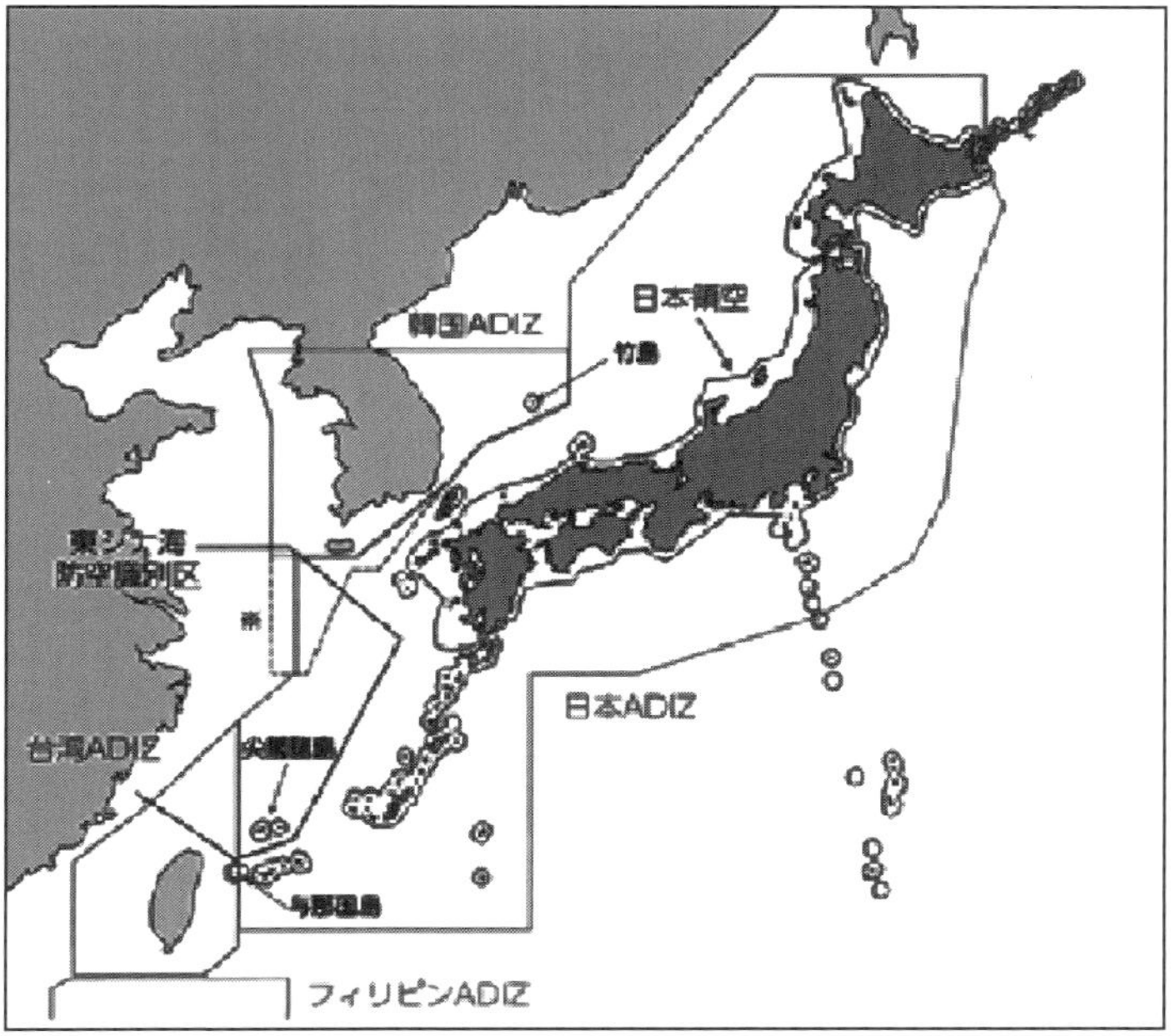

日本とアジア各国の防空識別圏（ADIZ・防衛白書から）

月29日）と同達によって、飛行要領・防空識別圏の範囲などが定められている。

　見てきたように、防空識別圏そのものは、国内法・国際法の根拠もなく、日本の周辺では日米が勝手に設定してきたものだ。世界でもイギリス、ドイツ、韓国、台湾などの20カ国の国々が設定している。

　日本でも勘違いしている人々がいるが、防空識別圏は「領空」とは全く関係なく、領空・公空の彼方に設定されたものであり、誰もこの設定自体をとがめることは出来ない。となると、中国の防空識別圏の設定は、何が問題ということになるのか？　結論からいうと、中国の防空識別圏の設定自体は、国際法違反でもなく、何らの問題もない。

問題なのは中国の防空識別圏は、中国国防省の公示によれば、自国の防空識別圏に入る航空機全てに対して、「飛行計画の通報（フライトプラン）」などを示さず、「指令に従わない航空機に対し中国の武装部隊は防御のための緊急処置を取る」としていることだ。

言うまでもないが、日本を始めとする世界の国々の防空識別圏では、「飛行計画の通報」は要請されるが義務はない。つまり、中国側が防空識別圏設定に際して「飛行計画などの通報の義務」を科したのは、単なる国際法に無知なだけなのだ。

現実に、アメリカは、中国の防空識別圏設定自体は否定しておらず、アメリカの航空会社などは、中国に飛行計画さえ出しているという。また、アメリカ政府もその後、事実上、この中国の防空識別圏設定を承認しているのである。

だが、驚くことに、引用した防衛白書だけでなく、中国の防空識別圏設定に対して、国会は与野党全会一致で、「中国による防空識別圏設定に抗議し撤回を求める決議」（例えば、参院本会議「２３７票賛成・反対０で全会一致で可決」、２０１３年12月7日）を挙げ、朝日新聞を初めとした新聞各紙も社説まで掲げて、中国の防空識別圏設定自体の撤回を主張したのだ。

ここに見るのは、信じられないほどの国会・マスコミの無知だ。あるいは、「中国脅威論」

を煽動されたならば、そこになびくしかないという風潮になるのか。

筆者は当時、このような新聞の主張や国会の対応について、「個人的な声明」を出して警鐘を乱打したが、ほとんどのメディアが無視したのである。これは「無知な中国脅威論」に組み込まれた全ての人がそうだっただろう。

しかし、これまでに空自関係者は沈黙しているが、彼らの全ては防空識別圏のなんたるかを熟知している。例えば、自衛隊出身（空自レーダーサイト出身）の宇都隆史参議院議員（自民党）は、自分のブログでこれについて以下のように説明している。

「ＡＤＩＺはあくまで識別圏であって、自衛隊の行動範囲や日本の主権の及ぶ領域を表すものではありません。つまり、この識別圏内を飛行する全ての飛行物体については、味方機（フレンドリー）なのか、敵機（ホスタイル）なのか、あるいは彼我不明機（アンノウン）なのかを航空自衛隊は識別しますという領域を設定しているに過ぎないのです。基本的にＡＤＩＺの殆んどの範囲は公海上空なのですから、どの国にも自由航行権がありますし、他国にとやかく言われる筋合いはないエリアなのです」

ところで、防空識別圏の問題だけでなく最近のメディア関係者は、情けないほど軍事的な知識に乏しくなっている。２０１５年12月、自衛隊を揺るがせた「秘密漏洩事件」は、その実態を典型的に示している。

　事件は、元陸自東部方面総監の泉一成が、退官後の２０１３年、現職陸将を含む自衛官を通じて、陸自の部内資料をロシア軍参謀本部情報総局の駐在武官に流出させた、というものだ。これについて、警視庁公安部は、泉元陸将と現職自衛官４人を２０１５年12月、自衛隊法違反の容疑で書類送検、その後、不起訴となったが、防衛省は事件に関与した渡部博幸陸将（陸自富士学校長）を更迭し、後に彼は辞職した。また、現役の自衛官３人も戒告の懲戒処分を受けたのである。

宮古島に寄港した中国からの大型船

　問題は、彼らが漏洩したとされる内部資料『普通科運用教範』だ。自衛官であれば誰でも知っているとおりこの教範は、隊内で自由に購入できる。もちろん、例えば、陸自教範『野外令』などと異なり「取扱注意」などの指定もなく、退職時には自宅に持って帰れる代物である。この教範は、筆者自身も所有している。ちなみに、ネット通販ヤフーで検索してみると、ここでも「普通科運用教範」は販売されていた（売り切れ表示）。

つまり、隊員・元隊員が自由に外部に持ち出し、ネットでさえ販売されている教範を、ロシアに見せたというだけで、スパイ容疑＝自衛隊法の秘密漏洩容疑で逮捕し、自衛隊は処分したというのだ。全くの茶番劇である。しかも容疑者は、陸自の東部方面総監まで務めた元陸将であり、共犯として逮捕されたのは、現役の富士学校長だ。

ここでは、警察と自衛隊の対立も噂されているが、問題はメディアの対応である。言うまでもないが、この警察の対応は、制定された「特定秘密保護法」絡みの事件である。そうであるならば、メディアでさえ取り締まりの対象となっている現在の「防衛秘密」絡みの、でっち上げ事件に対して、真っ向から批判し報道すべきものだ。しかし、全てのメディアは、事件を垂れ流すだけであった。ここには、信じられないようなメディアの無知があると言わねばならない。

［**参考**］

＊中国の「国際民間航空機関第２００会期理事会」での防空識別圏についての発言（２０１３年11月30日）

中国による防空識別圏の設定を受け、日本政府代表部は、「公海上空における飛行の自由と防空識別圏との関係について提起し、各国の防空識別圏の態様次第では国際民間航空の秩序と安全が脅かされるおそれがあるとして、公海上空における飛行の自由を確保するため目的に沿ってこの問題で何ができるのか検討することを理事会に提案」（外務省サイト）した。これに対して中国は、１９５０年代から20カ国以上の国が防空識別圏を設定しており、東中国海上の設定は確立した法的根拠に基づいており、国際的慣例などに適合する。中国の防空識別圏設定は、現行の空域の法的性質を変更するものではなく、ＡＤＩＺ内の通常のフライトに影響を及ぼすべきものではない。また、現在の通常の国際航空運行に変更を与えるものではなく、民間航空の自由航行は影響を受けていない、という事実上の変更がなされた（傍点筆者）。

２０１６年度防衛白書の対中政策

さて、論点を「中国脅威論」に戻そう。

すでに見てきたような、中国の防空識別圏問題が、今日の「中国脅威論」の実情を示していると言えよう。中国側の国際法の無理解による様々な政策・行動に対して、日米、とりわけ日本側は極度の直対応をしているのだ。その時々の政策・行動が、根本的には国際法などに照らして何ら問題がなくてもである。つまり、日米、特に日本が対中政策の根本におくのは、アジア太平洋地域の「覇権」を中国と争う、ということだ（後述）。

第1列島線という考え方、これは今や中国の軍事政策というよりも日米の戦略になっていると言えるが、この第1列島線防衛論――琉球列島弧への中国の封じ込めとは、根本的意味ではアメリカがアジア太平洋戦争で勝ち取ってきた（戦争で血を流して）、西太平洋の覇権を絶対的に護持するということだ（アメリカの後押しで、戦後日本が創り出してきた経済政治圏でもある）。

今年（２０１６年８月）に刊行された防衛白書もまた、このような新防衛大綱、そしてアメリカのエアシーバトルなどの対中抑止戦略を反映して、一段と中国封じ込め政策を強調したものになっている。

防衛白書は、冒頭から「アジア太平洋地域の安全保障環境」（第１章）と題して、「中国は、継続的に高い水準で国防費を増加させ、十分な透明性を欠く中で軍事力を広範かつ急速に強化」し、「特に、中国は、周辺地域への他国の軍事力の接近・展開を阻止し、当該地域での軍事活動を阻害する非対称的な軍事能力（いわゆる「アクセス［接近］阻止／エリア［領域］拒否」「Ａ２／ＡＤ能力」）の強化」をしていると強調する。このＡ２／ＡＤ能力、つまり、米軍の対中戦略・エアシーバトルを防衛白書は、そのまま引用・踏襲して対中政策を押し出しているのだ。

そして白書は、「また、中国は、東シナ海や南シナ海をはじめとする海空域などにおいて活動を質・量ともに急速に拡大・活発化させている」とし、「特に、海洋における利害が対立する問題をめぐっては、力を背景とした現状変更の試みなど、高圧的とも言える対応を継続させ、自らの一方的な主張を妥協なく実現しようとする姿勢を示している」と、中国との対抗を剥き出しで強調する（傍点筆者）。

この後に続いて白書が強調して記述するのが、中国のミサイル部隊の強化についてである。

白書は、中国のミサイル（同第1章）について、特に「DF－21を基にした命中精度の高い通常弾頭の弾道ミサイルを保有しており、空母などの洋上の艦艇を攻撃するための通常弾頭の対艦弾道ミサイル（ASBM）DF－21Dを配備」し、「射程がグアムを収めるDF－26は、移動目標を攻撃することもできる」といい、さらに、射程1500キロ以上の巡航ミサイル、巡航ミサイルを搭載可能なH－6爆撃機を保有しているとし、「これらは弾道ミサイル戦力を補完し、わが国を含むアジア太平洋地域を射程に収める戦力となるとみられている。中国は、これらASBM及び長射程の巡航ミサイルの戦力化を通じて、A2／AD能力の強化を目指していると考えられる」と記述する。

この防衛白書の内容は、すでに述べてきたが、アメリカのエアシーバトル、オフショア・コントロールの内容のそのままの踏襲であり、何ら新味はない。問題なのは、中国ミサイルの「ゴジラ化」がそのまま記述されていることだ。「射程がグアムを収めるDF－26は、移動目標を攻撃することもできる」というが、この移動目標である米空母を中国の弾道ミサイルが攻撃するのは、現段階では不可能であるというのが、多くの専門家の認識だ。なぜなら、もともと弾道ミサイルは、核搭載ミサイルとして命中精度（CEP・半数必中界）は高くなく、最良の米軍・ロシア軍のものでさえ、固定目標で100～200メートル前後である。

したがって、固定目標である米軍グアム基地の攻撃は、難しくはない。しかし、移動している米空母（グアム以遠に退避した）を攻撃する能力があるのは、中国の原潜搭載のミサイルだけである。最新のＹＪ‐18対艦巡航ミサイルは、艦艇だけでなく、潜水艦にも搭載し始めているといわれ、この防衛などが海峡——島嶼防衛戦略の核心であろう。

アメリカの対中政策

ところで、防衛白書が「中国脅威論」を煽り、中国への封じ込め政策を強調している中で、誰でも常識的に考えるのは、現在の日中、米中の密接な経済関係から見ると、この３国間の衝突は、どんな小さな衝突、例えば「海洋限定戦争」だとしても、３国間の経済、ひいては世界経済を破局に追い込むことになるのではないかということだ。

現在の日中、米中間の経済関係は、ここ十数年で一段と緊密さを増すとともに、双方の貿易量も飛躍的に拡大している。これを具体的に見てみると、対世界貿易量ではその割合が日米間の15％に対し日中間は、24％と1・5倍にもなっている（２０１５年）。１９８８年には、日米が29％、日中が7％であったから、ここ十数年で完全に逆転したことになる。また、アメリカの世界貿易に占める中国貿易額の割合は、16％で中国の世界貿易に占めるアメリカの割合は、12％である。さらに、米国債の保有高で見ると、日本は1兆2千２２５億ドルの保有に対し、中国は1兆2千461億ドルで、わずかに中国の米国債保有高は日本を上回っている（2016年2月）。つまり、中国は世界一の米国債保有国であり、アメリカを経済的に根幹から支えているのだ。

この日米中経済の緊密な関係を見れば、「中国がカゼをひいたら日米はクシャミをする」どころか「瀕死の重体」に陥ることは明らかだ。このような深い経済関係にある国同士は、戦争どころか政治的衝突でさえ、ひとたびそれが起これば、深刻な経済危機に陥ることが誰にでも分かるだろう。

ここ数年前から、日中間は「政冷経熱」と言われてきた。しかし、このままの勢いで自衛隊の島嶼防衛作戦が発動され、中国への「戦争挑発」が続くならば、「日中発」の世界恐慌にさえ突入する。

この政治状況に対して、アメリカはどのように対処しているのか。アメリカでは、オバマ政権下において中国との関係を「新型大国関係」（ケリー国務長官など）として創りだそうする政策が見られた。つまり、世界第2位の経済大国である中国を、かつての超大国ソ連と同様、現実的な「大国関係」として創り出そうということだ。しかし、対テロ戦争の一時的「決着」をつけ始めているアメリカ、特に米軍は、再び中国封じ込め政策＝対中抑止戦略に乗り出さそうとしている。その新たな戦略がエアシーバトルであり、オフショア・コントロールである。だが、この米軍の新たな軍事戦略に対しても、すでに述べてきたようにアメリカ内部から批判があり、その修正を含めて検討が始まっている。つまり、アメリカ内部でも、対中国政策を巡る対立・葛藤が生じているということである（「ヘッジ」政策の是非や前述のオフショア・バランシング）。

ところで、アフガン・イラクと続く対テロ戦争の長期泥沼化の中で、極度に膨らんだ米軍軍事費は２０１０年度には約７３００億ドルに達した。この軍事費は、全世界の年間軍事費の約半分に達する。この巨大化した軍事費に対してアメリカ議会は、２０１３年に歳出強制削減措置を発効させ、同年度から２０２１年度までの９年間に４千９２０億ドルの削減が義務づけられた。この状況に対して危機感を持ったのが、いわゆる軍産複合体である。

つまり、このような厳しい米軍事費削減要求の中で、新たな「脅威」を求めて、アメリカの軍産複合体が蠢き始めたということであり、「新冷戦」を起動し始めたということだ（中国の新世代戦闘機に対抗するという、米軍の最新鋭戦闘機Ｆ‐35は世界で5千機以上の調達が予定されており、北朝鮮（中国）のミサイルに対抗しようとする米軍の戦域高高度防衛ミサイル［ＴＨＡＡＤ］もまた、韓国を始め、世界中で調達が予定され、膨大な軍事費が浪費される。日本のＭＤ（弾道ミサイル防衛）システムは、すでに1兆円を超えているが、このＴＨＡＡＤが日本へ導入されるのも時間の問題であり、さらに数兆円の軍事費が要求されるだろう。すでに、自民党周辺からは、防衛費の2倍化の声さえ聞こえている）。

東アジアの軍拡競争の激化

このように見てくると、現在の南中国海を巡る情勢も認識できるであろう。つまり、今まで述べてきたように、第1列島線・琉球列島弧を封鎖する日本（米国）の島嶼防衛戦によって、東中国海において経済的・軍事的に出口を閉じられようとする中国には、太平洋・インド洋への出口は、南中国海にしかなくなるのだ。

中国海軍は、現在、北海艦隊・東海艦隊・南海艦隊の3つの艦隊を編成しているが、このうち北海・東海の艦隊は、第1列島線内でほぼ封じ込められるが、南海艦隊は海南島を拠点にしているから、日本（米国）の島嶼防衛戦で封じ込めるのは不可能だ。つまり、台湾――フィリピンにまたがるバシー海峡（さらにマラッカ海峡・スンダ海峡）が唯一の中国の出口となる。

そして現在、引き起こされている南中国海を巡る「海峡紛争」の状況は、一方で中国の西沙諸島（パラセル諸島）、南沙諸島（スプラトリー諸島）への強硬な進出となり、他方で日米のフィリピン――オーストラリア――ベトナムへの対中包囲軍事外交（「日豪准軍事同盟」態勢など）政策として突き進んでいる。この対中包囲網の背景が、「海峡戦争」であることを認識すべきである（米軍のフィリピンへの再駐留問題も注視すべき）。

こうして、今始まっているのは、アジア・太平洋を巡る激しい「覇権」の争いであり、軍拡競争の本格的始まりである。

『朝日新聞』２０１５年11月６日付報道は、このような日米中の南中国海を巡る覇権争いに自衛隊が関与しつつあることを報道している。

すなわち、同日、東南アジア諸国連合（ＡＳＥＡＮ）と日米中などの防衛相が一堂に集まった会議で中谷防衛大臣（当時）は、「国際法にのっとって海洋活動を行う観点から米軍の行動について支持する」と米艦が航行した「航行の自由作戦」に支持を表明した。この作戦は、中国が南中国海の南沙諸島に建設した軍事基地に対して、同島周辺は公海と主張する米軍の行動である。

また、「米軍は、日本が南中国海での関与を強めるよう求めている。６月のハワイでの会談で、米太平洋軍のハリス司令官は、河野克俊統合幕僚長に、南中国海で米軍が実施する共同訓練や多国間演習に、自衛隊も参加するよう持ちかけた」と報じている（同紙）。そして、その要請に応え、インドと米国の両海軍が主催し、海自も招かれた海上合同訓練「マラバール」に参加した帰途、海自は南中国海最南部のボルネオ島北方をわざわざ航行した。これには「日米の緊密な連携をアピールし、中国を牽制する狙いがあった」（同紙）という。

そして、このような海自の行動について、菅官房長官は記者会見で「南シナ海での自衛隊の活動について『今後検討していくべき課題だ』と、将来、警戒監視活動などに携わる可能性を示唆した」という（同紙）。

ついに、南中国海を巡っても、覇権争いとともに、激しい「海峡戦争」が始まったのだ。この「海峡戦争」が、アジア太平洋地域の激しい軍拡競争を本格化させるのは必至である。中東地域を除く世界は、冷戦後、大きく軍縮の時代に入っていることは明らかだが、東中国海・南中国海を始めとするアジア太平洋地域は、厳しい局面に入っているのだ。

自衛隊主体の「東中国海戦争」

筆者は本書では、朝鮮半島を巡る危機については、島嶼防衛戦との関連では論じてこなかったが、ここには重要な理由がある。１９９０年代の朝鮮半島危機以来、北朝鮮の危機は幾度となく叫ばれており、北朝鮮の核開発を始めとした「瀬戸際政策」で、その危機も一段と深まっていることも明らかである。

しかし、当時からのアメリカの「７日間戦争論」で明確だが、北朝鮮の軍事力は米軍にとっても、自衛隊にとってもほとんど問題にならない。北朝鮮の核戦力も、その意味では同様である。つまり、冷戦後、ソ連崩壊後のアメリカ（日本）の戦略においては、ソ連に代わる「大きな脅威」が必要なのであり、そのための軍拡が重要なのだ。

　こういう意味で、２０１５年に成立した集団的自衛権行使を認める安保法などの制定目的も、明らかである。安倍首相は、「朝鮮半島からの避難民救出」や「ホルムズ海峡の石油輸送ルートの危機」などの問題を、この安保法成立の目的のように喧伝していたが、安保法制定の目的は、まさしく、島嶼防衛戦を中心にした日米の対中抑止戦略、そしてそれを媒介とするアジア太平洋地域の「覇権」を巡る争いにある、ということだ。これを外務省などは「軍事力による政治外交」と言っているが、まさしく戦前日本の「砲艦外交」であり、軍事外交政策――軍事大国化である（今や「台湾海峡」問題は、対中抑止戦略上の中心軸ではなく第1列島線の封鎖に変遷）。

　この場合、日本政府の軍事外交は、アジア太平洋地域だけでなく、アメリカを媒介としたグローバルな政策である。ここ数年の政府の、いわゆる「２＋２」（外務大臣・防衛大臣を中心とした安全保障会議）は、オーストラリアを始め、インド、イスラエル、イギリス、ＮＡＴＯとの間まで及んでいるが、この明確な意図をもった主要国との安保会議の開催が、それを表している。問題はこのような、例えばオーストラリアとの准軍事同盟にまで進みつつあるこの現状を、メディアも国会も完全に放置していることであり、政府は何らの「国民的合意」さえ諮っていないことだ。

　さて、ここで再び論議すべきことは、こうした対中抑止戦略においての日米の役割についてである。

周知のように、２０１５年の日米ガイドラインを始めとして、１９７８年以後のガイドラインは、「日本の防衛」においては自衛隊が主体であり、米軍は支援という関係を定めている。すなわち、日米ガイドライン（２０１５年４月策定）は、「日本に対する武力攻撃が発生した場合」として、「自衛隊は、島嶼に対するものを含む陸上攻撃を阻止し、排除するための作戦を主体的に実施する。必要が生じた場合、自衛隊は島嶼を奪回するための作戦を実施する」とし、「日本は、日本の国民及び領域の防衛を引き続き主体的に実施し、日本に対する武力攻撃を極力早期に排除するため直ちに行動」し、「自衛隊は、日本及びその周辺海空域並びに海空域の接近経路における防勢作戦を主体的に実施する。米国は、日本と緊密に調整し、適切な支援を行う。米軍は、日本を防衛するため、自衛隊を支援し及び補完する」と定めている（傍点筆者）。

明記されているとおり、これは「島嶼防衛」の場合も適用されるが、繰り返すと島嶼防衛戦において、主体は自衛隊であり、米軍は必要な場合、支援するに過ぎない。

この問題をどう捉えるべきか。結論すれば、想定される島嶼防衛戦では、自衛隊は主体どころか、全てを担う戦争なのである。いわば、米軍の支援、介入さえ厳しく限定されるということだ。

すでに述べてきた、米軍のエアシーバトル、オフショア・コントロールという戦略は、あらかじめ、米第7艦隊などの空母機動部隊の、グアム以遠への撤退・後退を作戦化している。そしてまた、沖縄駐留の米海兵隊司令部などのグアムへの撤退計画で明らかなように、すでに米太平洋軍は「西太平洋からの後退戦略」を採っているのである。とりわけ、島嶼防衛戦の初動作戦では、それが顕著に、明確にうち出されている。

つまり、アメリカの中国封じ込め政策＝対中抑止戦略は、アジア太平洋地域において、「島嶼防衛戦」という戦略を採るが、その場合、全面的な日本の動員、自衛隊の動員がカギとなり、決定づけるということだ（米軍軍事費の財政削減の中）。言い換えると、自衛隊を主体的に島嶼防衛戦に動員することが、米中経済の緊密化の中で、より根本的に重要になるのである。

そのような意味で、島嶼防衛戦とは、「海洋限定戦争」であるが、それは日本・自衛隊を中心にした「東中国海戦争」となりつつあるのだ。

［**参考**］

＊「朝鮮戦争の危機論」について

金正恩体制による瀬戸際政策が続く中で、日米韓の北朝鮮「対決政策」が強まり、朝鮮半島情勢が一段と危機、破局に近づきつつあることは明らかだ。しかし、90年代の朝鮮半島でアメリカが唱えた「7日間戦争論」で明確になったのは、米軍が北朝鮮を崩壊させるのにはわずかな日時で可能ということであった。これは現実には、アメリカのアフガン・イラク戦争で実証された。特に、軍事大国イラクの崩壊は、北朝鮮に衝撃を与えたと思われる。したがって、北朝鮮指導部は、瀬戸際政策を繰り返しながらも戦争自体には踏み切れないのだ。ただ、問題は世界から孤立させられた北朝鮮が経済的にも、政治的にもどこまで持ちこたえられるのか、という厳しい段階が来つつあるのも明白である。しかし、この場合にも、現実的にあり得るのは、北朝鮮軍部のクーデタである。軍部によるこのクーデタは、対韓国への戦争、つまり、北朝鮮の崩壊ではなく、中国への通告による「中国の保護国化」を選ぶものと推定される。つまり、朝鮮半島の崩壊は、東西ドイツのような南北併合には進まないということが予測される。

米軍の辺野古新基地建設と自衛隊の共同使用

ところで、1996年の日米両政府の「沖縄に関する特別行動委員会（SACO合意）」以来、長年の間、大問題となっているのが、米軍普天間基地の辺野古基地への移転・新基地建設である。この問題については、筆者は2010年に『日米安保再編と沖縄』（社会批評社刊）という書籍を執筆し、「海兵隊の沖縄撤退論」と辺野古新基地の不必要を論じてきた。

その段階で明らかになっていたのは、「グアム統合軍事開発計画」（2006年、米太平洋軍作成）、「グアムにおける米軍基地の現状」（2008年、米海軍長官から米下院軍事委員会議長へ提出）

などの、いくつものアメリカ側の文書・計画によって、沖縄海兵隊の司令部だけではない、戦闘部隊、飛行部隊のグアム移転計画が進行していたことであった。

これらの計画は、当時は米軍の「世界的国防態勢の見直し」（２００1年ＱＤＲ）の一環であり、米軍の世界的なトランスフォーメーションの中で、「軍事における革命」として謳われ、サイバー攻撃や宇宙戦争、そして対テロ・ミサイル戦争を「21世紀型の新しい戦争」として提起し、対処するという戦略であった。

さて、ＳＡＣＯ合意に基づく「再編実施のための日米のロードマップ」（２００6年）によれば、米軍辺野古新基地建設とともに在沖米海兵隊要員約8千人とその家族約9千人は、グアムに移転する予定であった。しかし、仮に米軍辺野古新基地の建設が出来なくとも、本来、海兵隊の沖縄撤退――グアム移転は不可避であったのだ。

その理由は、すでに述べてきたことから明白だ。このＳＡＣＯ合意、日米ロードマップ以後、２０１０年のＱＤＲによって、中国のＡ２／ＡＤ能力への対処という、エアシーバトル、オフショア・コントロール戦略などが決定され、米軍自体が第1列島線からグアム以遠に一時的にも撤退することになったからだ。つまり、第7艦隊の空母機動部隊だけでなく、在沖米軍基地全体が中国のミサイル攻撃の目標になり、新しい基地建設は不必要であるばかりか、既存の基地の存在でさえ、問われることになったということである。

とするなら、なぜ、米軍は辺野古新基地の建設にこだわるのか。なぜ、海兵隊は沖縄駐留にこだわるのか。この理由はいたってシンプルだ。つまり、海兵隊が沖縄に駐留する形式をとる限り、日本政府が気前よく「思いやり予算」を提供してくれるからである。しかしまた、このような海兵隊を沖縄に引き留めているのは、米軍・アメリカ側だけではない。それは日本政府・自衛隊の引き留め策にあると言うべきだ。というのは、「再編実施のための日米のロードマップ」が明記しているように、辺野古新基地が建設されたとするならば、当然それは日米共同使用になるからだ。

ここには「施設の共同使用」として、「航空自衛隊は、地元への騒音の影響を考慮しつつ、米軍との共同訓練のために嘉手納飛行場を使用する」「キャンプ・ハンセンは、陸上自衛隊の訓練に使用される。施設整備を必要としない共同使用は、2006年から可能となる」と明記されている（また、2010年の日米安全保障協議委員会では、「米軍と自衛隊との間の施設の共同使用を拡大する機会を検討」と明記）。

ここでは、辺野古新基地とは書かれていないが、建設後のそれが日米共同使用になることは確実であり、米軍は自衛隊の使用のためには、辺野古新基地の拡大をも求めている。そして現在、全国の自衛隊の航空基地、在日米軍航空基地の日米による共同使用が推進され、完全に実現されている。日本だけではない。グアムやテニアンといったアジア太平洋地域の米軍基地で

米軍キャンプ・シュワブ（辺野古）

さえも、共同使用に向けた共同演習での使用が行われているのだ。

そして、これは沖縄を初めとする全国の演習場・訓練場の日米共同使用にも広がっている。だから、沖縄・高江のオスプレイの訓練のためのヘリパッド建設は、防衛省によって日米共同使用のための積極的な建設の協力が行われているのだ。

２０１４年の中期防衛力整備計画にも、以下のように明記されている。

「自衛隊の演習場等に制約がある南西地域における効果的な訓練・演習の実現のため、地元との関係に留意しつつ、米軍施設・区域の自衛隊による共同使用の拡大を図る」

第6章 「東中国海戦争」を煽る領域警備法案

「領域警備」とは何か

２０１５年の国会で、民主党（当時、以下同）・維新の党の両党が、政府の安保法案に対抗して提出してきてから、ようやくマスコミで「領域警備」という問題が、わずかに注目されるようになった。だが、この問題も他の軍事問題と同様、メディアも、野党も、全く表層の理解しか出来ていない。

さて、この領域警備という問題が提起されたのは、すでに20年近く前のことだ。それは以下のような制服組の主張から始まった。

「ポスト冷戦時代の大きな特性として、平常時と有事、平常時と周辺事態との間に発生し、あるいは周辺事態に伴い発生する可能性の高いテロ、海賊行為、組織的密入国、避難民の流入、隠密不法入国などに対する対処の責任、ならびにこのような状況の中で起こり得るゲリラ・コマンドゥ攻撃や弾道ミサイル攻撃など、新たな脅威の態様やこれに伴う部隊運用の変化に対応し得る法制の整備も必要である」。そしてまた、「この際、これらの事態への対応に密接な関係のある自衛隊に対する『領域警備の任務の付与』及び『武器等の使用基準（ROE）』についても本格的検討が必要と考える。特に領域警備については、ポスト冷戦時代の特性にかんがみ、我が国の領域を保全するため、国際法規・慣習に基づき、平常時からの自衛隊の任務として早急に整備されるべきである」と（以上、98年5月15日付『隊友』、西元徹也・元統合幕僚会議議長。傍点筆者）。

『隊友』とは、自衛隊内の機関紙である。西元は、当時から陸自では著名な制服組最高幹部であり、退官後の1996年、新大綱の作成に関わった人物でもある。西元ら陸自の制服組は、当時、こうも主張していた。平時の任務として、空自には「領空侵犯に対する措置」があり、海自には、「海上警備行動」があるが、陸自にはその任務がない。だから、平時の任務として領域警備の任務を付与せよ、と。

この西元などの制服組の主張に対し、当時、猛烈に反発したのは、残念ながら野党でも、メディアでもない。後藤田正晴内閣官房長官であった。後藤田は、「平時の領域警備」、すなわち、平時の国内の警備は、もっぱら警察の仕事だ、これを自衛隊にまかせるわけにはいかない、と。

しかし、この警察と自衛隊の争いは、自衛隊の勝利に終わったようだ（平時の海上警備を巡る海保と海自の争いもある）。その結節点は、新『野外令』が制定された2000年のことである。

この2000年という年は、自衛隊の権限が歴史的に拡大する重大な年となったのだ。

2000年の12月、防衛庁長官（当時）と国家公安委員長との間で、「治安出動の際における治安の維持に関する協定」「同細部協定」「同現地協定」（後述）などが、次々と改定された。改定の内容は、簡潔に言えば、従来の自衛隊の治安出動対象である「暴動」がなくなり、代わって「治安侵害勢力」という概念が明記され、そして、「治安侵害勢力」への対処において、警察力が不足する場合には、初めから自衛隊が対処するというものだ（同協定第3条）。つまり、従来の自衛隊の治安出動は、もっぱら警察力の補完であり、警察力で対処できない場合のみ自衛隊が対処するという定めであった。しかし、この改定によって、自衛隊が初めから警察に代わって国内警備の任務に就くことになったのである。

その契機となったのは、すでに述べてきた1997年の新ガイドラインの改定だ。このガイドラインによって、自衛隊の任務に新たに「ゲリラ・コマンドゥ対処」という任務が付与され、その一環として、治安出動関連の法令が改定されたのだ。

そして、これらの改定とともに全国各地での、県警と陸自の師団との「現地協定」が結ばれ、その後、毎年のように各県警と自衛隊の間で、「ゲリラ対処のための治安出動訓練」が行われている。これらについては、ほとんど公開され、メディアでも報道されている。

さて、問題は明らかだ。今や、平時の国内の警備でも、「治安侵害勢力」＝ゲリラ対処などを口実にして、自衛隊が主体として躍り出てきたということだ。これは、次の領域警備における自衛隊の治安出動について見れば、もっと明白となるのである。

民主党・維新の会の領域警備法案

さて、陸自制服組の長年の悲願とも言える領域警備であるが、安保法の国会審議が始まった２０１５年７月、民主党と維新の会の、両党の共同提案として「領域警備法案」が提出された。その全文は巻末に掲載しているから、参照してほしい。この概要を紹介すると以下のようになる（民主党・大島議員の国会説明の要約、傍点筆者）。

①わが国の領海、離島等での公共の秩序の維持は、警察機関で行うことを基本としつつ、警察機関では公共の秩序を維持することができないと認められる事態が発生した場合には、自衛隊が、警察機関との適切な役割分担を踏まえて、当該事態に対処すること等の原則を定める。

②政府は、領域等の警備に関する基本的な方針を定めるとともに、警察機関の配置の状況や本土からの距離等の事情により不法行為等に対する適切な対処に支障を生ずる高い蓋然性があると思われる区域を領域警備区域に定め、いずれも国会の承認を求める。

③領域警備区域での公共の秩序を維持するため、自衛隊が、情報の収集、不法行為の発生予防及び対処のための「領域警備行動」を行うことを可能にするとともに、これら自衛隊の部隊に対し、平素から警察官職務執行法及び海上保安庁法上の権限を付与する。
④治安出動又は海上警備行動に該当する事態が発生する場合に備え、あらかじめ領域警備基本方針及び対処要領を定めておくことにより、あらためて個別の閣議決定を要せずにこれらの出動が下令できるようにする。
⑤警備区域での公共の秩序維持、船舶の衝突の防止のために特に必要があると認めるときには、当該区域の特定の海域を航行する船舶に対する通報制度を設け、必要に応じ立ち入り検査を行うことができることとする。
⑥領域警備区域以外の区域についても、国土交通大臣から要請があった場合には、自衛隊の部隊は、一定の権限をもって海上保安庁が行う警備の補完をすることができることとする。

この領域警備法案の中心的内容は、紹介した自衛隊の治安出動関連の協定と同様、「領海・離島」などで警察の対処が出来ない事態に、自衛隊が当初から警察に代わって対処する、そのための離島などの「領域警備区域」を決め、この区域では、自衛隊に「**平素から**警察官職務執行法及び海上保安庁法上の権限を付与」する、ということだ。

自衛隊に「平素から警察官職務執行法及び海上保安庁法上の権限を付与」するとは、言うまでもないが、自衛隊に治安出動と同等の権限を与えるということである。これは、後述するが**治安出動という「有事」における権限が、平時から自衛隊に与えられる**という、驚愕すべき事態である。

これは、グレーゾーン事態（平時から有事への移行期）へのシームレス（切れ目のない）な対処を可能にするため、というが、何のことはない。平時の仕事がない、暇な陸自に平時からの仕事を与える、ということだ。

しかし問題は、民主党などが現在の東中国海を巡る情勢を全く理解していないことだ。ここで明確にすべき決定的に重要なことは、本来、紛争を平和的に収めるには、平時から有事の事態への「切れ目」をあえて作り出すことであり、それを断絶させることである。

現実に、もう一方の当事者の中国は、わざわざコーストガードを作り（中国船に英語で表示）、日本の海上保安庁の存在（海上警察）に合わせてきているのである（２０１３年）。つまり、軍隊間の衝突を避け、警察間の関係で事を平和裏に収めようということだ。

言うまでもないが、海保を含む警察権の執行は、違法行為者を逮捕・拘束するのが仕事だ。しかし、軍隊は、火器を使用した戦闘を想定している。これは、領域警備法案がいう自衛隊の平時（グレーゾーン事態）の任務も、治安出動も、同様である。

いわゆる警察権については、「警察比例の原則」があり、武器の使用の効果がその使用目的に比して、必要最小限でなければならないとされている。しかし、領域警備法案が定める自衛隊の権限は、とりあえずその行動基準においては「警察官職務執行法」を遵守するとはいえ、拡大していくことは明らかだ。つまり、事態によっては「合理的に必要と判断される限度で武器を使用できる」（自衛隊法第90条「治安出動時の権限」）のであり、「小銃、機関銃（機関けん銃を含む。）、砲、化学兵器、生物兵器その他その殺傷力がこれらに類する武器を所持し、又は所持していると疑うに足りる相当の理由のある者が暴行又は脅迫をし又はする高い蓋然性があり、武器を使用するほか、他にこれを鎮圧し、又は防止する適当な手段がない場合」（同条3項）には、その武器使用も一段とエスカレートするのである（自衛隊法上の治安出動の規定も、当初は警察官職務執行法の適用から始まり、合理的に必要と判断される限度で武器を使用できることに注意）。

もちろん、民主党などの領域警備法案が、始めから領域警備において自衛隊に治安出動の権限を与えているわけではない。しかし、「平素から警察官職務執行法及び海上保安庁法上の権限を付与」するということは、実体としてすでに治安出動の権限が与えられているということであり、また、同法案は「内閣総理大臣が領域警備区域について自衛隊法及び領域警備基本方針の定めるところにより治安出動を命ずる場合」（同法案第8条）と、治安出動への発展も想定されているから、そのエスカレートは明らかだ。

中国のコーストガード

結論すれば、民主党などの領域警備法案の根本的に重大な問題は、「自衛隊の出動」という「軍事行動」が初めから想定され、中国との「武力衝突」をも予定するという、恐るべきものになっているということだ。繰り返すが、尖閣列島問題などの紛争があるとしても、いや、だからこそであるが、現段階で日中が行うべきことは、このような挑発的な領域警備法案を提出するのではなく、紛争を収めるためのコーストガード間の取り決めなどをしっかりと創ることではないのか。

しかし、領域警備法案の提出という問題は、およそ民主党などの野党は、なぜ戦後海上保安庁が設置されたのか、ということも全く認識できていないのではないか。

海上保安庁法には、以下のような重要な規定がある。

「この法律のいかなる規定も海上保安庁又はその職員が軍隊として組織され、訓練され、又は軍隊の機能を営むことを認めるものとこれを解釈してはならない」（第25条）

これは、海上保安庁が軍隊とは一線を画すことを定めている歴史的な規定である。この条文は、海上保安庁があくまで「海上警察」としてのみ機能することを求めているのである。

しかし、自衛隊制服組（例えば、元自衛艦隊司令官・香田洋二）などは、この海上保安庁法の規定に対して、「海保巡視艇の場合は25条によってミリタリーの位置づけを否定していますので、中国海警船艇に対しては、限定的対処しかできない」から、「もう1つの課題が海保法25条の廃止」だというのだ。

だが、ただ今現在は、日本と中国の海上保安庁間による相互の警察権の行使によって、尖閣諸島やその周辺海域の平和が保たれているのであり、仮に領域警備法の成立によって、自衛隊がこの海域に出動することになれば、一挙に軍事的緊張が激化することは疑いない。そして、現在の日中間には、緊急時の軍隊間の「海空連絡メカニズム」さえ、成立していない。ここ数年にわたりこの問題は論議されているが、一向に進展しないのである（米中間の連絡メカニズムは、２０１４年11月に合意）。

政府は、このような民主党などの領域警備法案の提案に対し、「中国の反発を招く懸念があることからあえて法改正はせず、海上警備行動の際に自衛隊の出動を早める運用の改善で対応することを決めた」（法案提出前の与党協議）と報じられているが、実際は、「領域警備」に関する認識は、民主党などと大差がない。

政府の領域警備への対応

政府は、領域警備について、すでに「国家安全保障戦略について」（「国家安全保障会議」「閣議決定」２０１３年12月17日）という文書で、具体的に決定している。

それによれば、「領域保全に関する取組の強化」として、「我が国領域を適切に保全するため、……領域警備に当たる法執行機関の能力強化や海洋監視能力の強化を進める」とし、「加えて、様々な不測の事態にシームレスに対応できるよう、関係省庁間の連携を強化する」。「また、我が国領域を確実に警備するために必要な課題について不断の検討を行い、実効的な措置を講ずる」としている。

この政府決定の直前に自民党も、「領海警備を自衛隊の任務として位置付け、外国公船・軍艦が退去要請に応じない場合は、首相が自衛隊に領海保全行動を発令、武器使用を含む必要な措置を取れる」という「領域警備保全法案」（２０１３年６月）の骨子を作り、衆院選の選挙公約として掲げている。

こういう経過の中で、政府は「**グレーゾーン事態**」**に対する提言と閣議決定**を行ったのである（２０１４年7月1日）。

これは「グレーゾーン対処」に関して、「警察や海上保安庁などの関係機関が、それぞれの任務と権限に応じて緊密に協力して対応するとの基本方針の下、①各々の対応能力を向上させ、②情報共有を含む連携を強化し、③具体的な対応要領の検討や整備を行い、④命令発出手続を迅速化するとともに、⑤各種の演習や訓練を充実させるなど、各般の分野における必要な取組を一層強化することとする」とした。

このうち、手続の迅速化については、「我が国の領海及び内水で国際法上の無害通航に該当しない航行を行う外国軍艦への対処について」（２０１５年5月14日、閣議決定。巻末参照）という決定を行い、電話による当該閣僚の閣議決定による「海上警備行動」の発動を可能とした。

また、同じ日付で「離島等に対する武装集団による不法上陸等事案に対する政府の対処について」という閣議決定を行った。ここでもその対処について、電話による閣議決定を可能にした。それは次のようにいう（治安出動についてのみ。海上警備行動については巻末参照）。

「警察機関による迅速な対応が困難である場合であって、かつ、事態が緊迫し、治安出動命令の発出が予測される場合における防衛大臣が発する治安出動待機命令及び武器を携行する自衛隊の部隊が行う情報収集命令に対する内閣総理大臣による承認、一般の警察力をもっては治安を維持することができないと認められる事態が生じた場合における内閣総理大臣による治安出動命令の発出等のために閣議を開催する必要がある場合において、特に緊急な判断を必要とし、かつ、国務大臣全員が参集しての速やかな臨時閣議の開催が困難であるときは、内閣総理大臣の主宰により、電話等により各国務大臣の了解を得て閣議決定を行う。この場合、連絡を取ることができなかった国務大臣に対しては、事後速やかに連絡を行う」

この「離島対処」という閣議決定は、見てきたように、「不法上陸」ということを口実にし「事態が緊迫し、治安出動命令の発出が予測される場合」と、すでに自衛隊の治安出動を想定してたてられているということだ。そして、その自衛隊の治安出動という重大な決定が、「電話による閣議決定」というように、いとも簡単に行われようとしていることだ。

要するに、これらの政府の離島対処については、民主党などの領域警備法案を先取りして作られているということだ。単に「領域警備法」が作られていないというだけである。

安倍首相は、民主党などの領域警備法案の国会提出を批判して、「軍隊同士が対峙したら緊張が激化する」というのだが、この「離島対処」の閣議決定はもとより、南西重視戦略のもとに先島諸島に自衛隊を大々的に配備することこそ、まさしく、中国との軍事的緊張を一挙に激化させる、戦争挑発そのものになるのだ。

第7章　国民保護法と住民避難
——沖縄を再び「捨て石」とするのか

「島嶼防衛研究」の住民避難

自衛隊では、島嶼防衛戦の戦略・戦術研究とともに、島嶼防衛戦での「住民避難」の研究が、さまざまな形で行われ始めている。なぜなら、島嶼防衛戦とは、本書の冒頭でも述べてきたが文字通り島々の破壊戦である。

かつて、サイパン・テニアン・グアムそして沖縄など、これらの小さな島々で起こった島嶼防衛戦は、一木一草も残らないほどの徹底した破壊戦であり、兵士たちだけでなく住民多数が死傷した凄まじい戦場であった。そして、あの時代と同様、いやそれ以上の島嶼防衛戦という名の島々の破壊戦が、今推し進められようとしているのだ。

これら小さな島々に、彼我双方のミサイルが雨霰のように撃ち込まれ、空から、海からと、凄まじい砲爆撃が行われ（サイパン戦などは1平方メートルに数発）、そして破壊され尽くした島の海岸線に水陸両用車が上陸し、戦車などの砲弾（機動戦闘車など）が飛び交う、激しい地上戦闘が行われるのだ。

この小さな島々の戦争において、住民たちをどうするのか。全住民を島外に避難させるのか、それとも、島内で避難するのか。

島嶼防衛戦の住民避難問題の前提について、陸自の横尾和久（3佐）は「マリアナ戦史に見る離島住民の安全確保についての考察」（「陸戦研究」2015年12月）という論文で、「国民保護法に基づく避難等の措置を実行するためには、武力攻撃予測事態等の認定が必要であり、その事態認定に必要な明白な兆候を要件とする。しかし島嶼部に対する攻撃は一般に敵侵攻部隊の規模が小さく、侵攻企図の秘匿も容易であるため、侵攻企図を早期に察知することは困難である」と、その予測困難性を指摘する。

この困難の中で横尾は、「このため有人離島住民の安全確保について考察する場合には『敵が侵攻してくる前の島外避難』と『敵の地上侵攻時に残留住民がいる場合の島内避難』の両方を考察」すべきとしている。

しかし、横尾が言う、このような「島外避難」は、果たして可能だろうか。

政府・自衛隊も、島嶼防衛戦は、「グレーゾーン事態」から始まり、シームレスに進行することを想定しているから、事前に住民避難のための武力攻撃事態・予測事態を認定するのは不可能である。なおかつ、もしも政府が、この武力攻撃予測事態の認定なしに、事前に住民避難を指示したとするなら、これは中国に対する「開戦宣言」になってしまい、戦争の挑発にさえなるだろう。

このような「島外避難」の困難については、同じ『陸戦研究』で大場智覚（2佐）は、「陸上自衛隊は将来戦を戦えるか」と題した論文で、以下のように論じている（「陸戦研究」2013年6月号）。

「地方自治体が行う国民保護措置に対しては、自衛隊が住民避難などを可能な範囲で支援することとなるが、平時と有事が曖昧な事態に対しては、両方の役割への軸足の設定に大きな困難が伴うことが予想される」

「事態は認定以前の平素からグレーゾーンにおいては、当初の間は状況が不明であり、作戦準備期間が短縮化され、一挙に有事の状態になる恐れもある。このような場合、防衛の対象が『国土か』それとも『国民か』という二者択一を迫られ、将来に大きな禍根を残す状況に追い込まれる可能性がある」

大場もいうように、グレーゾーン事態から有事は一挙に進む可能性があり、全く島外避難を行う余裕はない。この事態を迎えたとき自衛隊は、「国土か、国民か」ではなく、明確に「国土」を優先するだろう。なぜなら、もともと自衛隊の主任務（自衛隊法第3条）は「国家・国土の防衛」であり「国民」ではない。軍隊が国民を守らないというのは、そのように任務を定めているからだ。

このように見てくると、結局、島嶼防衛戦の場合、住民は「島内避難」を強いられるのだが、これに対しても横尾和久は『陸戦研究』で述べている（傍点筆者）。

「島内避難については、陸上部隊の責任が重大であるため、陸上自衛隊としても『部隊と住民の分離の徹底』について平素からの充分な研究や準備が必要である」が、マリアナ戦史や沖縄戦を見る限りそれは容易ではなく、島内避難の戦例はいかに困難であるかを示すが、そのためには「国民保護法における強制避難条項の新設（強制避難の措置）」が必要であるという。また、マリアナ戦史の教訓を反映するなら、「自衛隊の部隊と残留住民を分離するため離島に展開する陸上部隊は『作戦計画に部隊と住民の混在防止施策を織り込み』、地方公共団体は『避難計画に武力攻撃事態における島内避難のケースを想定し、平素から住民用のシェルター等を整備』する」（同上）ことが必要という。

ここで横尾がたびたび強調しているのは、島嶼防衛戦とは「軍と住民の混合」が前提的であるから、「軍と住民の分離」を徹底しなければならないとし、そのためには「強制避難の措置」をとるのみならず、島内避難の場合は、シェルターまで造るべきだということだ。別の隊内の研究では、イスラエル並みに各戸に地下にシェルターを造れば、島内の経済が潤うという、とんでもない提言さえ主張されている。

ところで、この島嶼防衛戦について、自衛隊は公式にはどのように言っているのか。先の陸自教範『野外令』には、次のように記載されている。

「敵の離島侵攻に先んじて、適時に必要な情報を関係部外機関に通報して、**先行的な住民避難等**ができるように支援する。やむを得ず敵に占領された場合は、住民の**島内等避難**に努め、**作戦行動に伴う被害及び部隊行動への影響を局限**する。また、地方公共団体等と連携した適切な広報により、住民に必要な事項を周知させ、住民の安全及び作戦への信頼を確保する。」（第5編第3章第4節「部外連絡協力及び広報」）

『野外令』の記述は、ただこれだけであるが、主眼は「作戦行動に伴う被害及び部隊行動への影響を局限」するということである。つまり、自衛隊の島嶼防衛戦においては、戦闘行動が最大優先なのであり、住民避難など真剣に考慮していないのだ。

石垣島・宮古島での住民避難

さて、これらの島嶼防衛戦での住民避難について、現実に石垣島・宮古島などの住民に対して、自衛隊はどのように説明しているのか。２０１６年4月22日、石垣島では自衛隊配備に関する防衛省の住民説明会が行われた。ここでは、石垣市の住民が求めた事前質問に、次のような回答がなされている。

質問１４０

開示された陸自教範「野外令」の「奪回による要領」「対処要領」には「敵の侵攻直後の防御態勢未完に乗じた継続的な航空・艦砲等の火力による敵の制圧に引き続き、空中機動作戦及び海上作戦輸送による上陸作戦を遂行し、海岸を占領する。じ後、後続部隊を戦闘加入させて、速やか

　沖縄戦による避難から帰還する民衆

に敵部隊を撃破する。状況により、空中機動作戦を主体として、海岸堡を占領することなく速やかに敵部隊を撃破する場合がある。」とあるが、「継続的な航空・艦砲等の火力による敵の制圧」を実施している時点での島民及び観光客の存在を防衛省はどのように想定しているのか明らかにして頂きたい。

回答
○島民及び観光客の安全確保は優先すべきものであり、被害防止に万全の注意を払う必要があると考えており、当該地域の住民の避難、保護等処置を適切に実施します。
○島民等の避難計画については市町村において、①武力攻撃事態等においては、国民保護法に基づき住民の避難や避難住民の救援について定める国民保護計画、②災害対策基本法に基づき災害の予防や応急対策について定める地域防災計画がそれぞれ作成されており、これらの計画に沿って住民の保護や避難が行われます。
○また、何より、敵の侵攻以前に島外避難等の措置を迅速・的確に実施することが重要であり、防衛省・自衛隊としましては、国民保護措置を適切に実施する考えでいます。（傍点筆者）

リップサービスなのか、防衛省は、石垣市の住民説明会では「島民及び観光客の安全確保は優先すべきもの」と回答する。しかし、これはあくまで敵の侵攻が事前に予測できた場合である。問題は繰り返すが、「敵の侵攻以前に島外避難等の措置を迅速・的確に実施する」ことが出来ない場合だ。

　これについて、石垣島市民説明会の事前質問の、「陸自教範『野外令』での『敵に占領された場合は、住民の島内等避難に努める』とあるが、石垣島内のどこに避難することを想定しているのか」という質問に対して、防衛省は、「石垣市国民保護計画においては、**島内の避難所として学校等が想定**されていますが、具体的な避難所については、関係機関等の協議の中で決定されていくものと考えます」と回答する（質問１３５〜１３８への回答、傍点筆者）。

　学校等を想定!?　読者は笑ってはいけない。こんな非常識を通用させようとするのが、自衛隊・防衛

沖縄に上陸する米軍・連合軍

省だ。事は自然災害ではない。陸自教範『野外令』を引用して、島嶼防衛戦における島内避難場所について住民は質問しているのだ。それを「学校等を想定」とは。おそらく、この回答を引用した防衛省の役人らは、現実の島嶼防衛戦を一度も考えたことがないに違いない。

繰り返すが、島嶼防衛戦闘は、それこそ「軍民混在」の凄まじい戦争であり（海洋限定戦争）、全島の破壊戦だ。すでに検討してきたが、石垣島などへの配備部隊、特に車載ミサイル部隊、車載の移動警戒部隊は、部隊と攻撃位置の隠蔽のために、島中を走り回り、攻撃と防御・回避行動を行う。したがって、島内に避難できる安全地帯などあり得ない（対テロ戦争の空爆では、学校どころか病院さえ攻撃されている）。

さて、石垣市よりもはるかに遅れて（1年半後）、防衛省は宮古島市民に対しても、島嶼防衛戦における住民避難についての回答を行った（宮古島住民説明会「宮古島への陸上自衛隊配置について～事前質問に対する回答～」２０１６年10月18日）。

ここでは、「武力攻撃事態等において国民保護措置を的確かつ迅速に実施し、住民の安全を確保するためには、平素から関係機関や地方公共団体などとの間で訓練等を通じ連携を深めることが必要と考えています」と、一般論を述べ、「沖縄県国民保護計画」「宮古島市の国民保護計画」を長々と引用するだけである。

しかし、ここでも「避難施設については、**避難所として学校、公民館、体育館等の施設を指定**するほか、応急仮設住宅等の建設用地、救援の実施場所、避難の際の一時集合場所として公園、広場、駐車場等の施設を指定するとともに、爆風等から直接の被害を軽減するための**一時的な避難場所としてコンクリート造りの堅ろうな建築物等を指定**するよう配慮」（傍点筆者）と、またもや非常識な回答を並べるのだ。

だが問題は、防衛省が引用する、沖縄県・宮古島市の国民保護計画の中の「島内避難」だけではない。その中の「島外避難」についても重要な問題がある。

防衛省の回答では、「宮古島市国民保護計画では、島外避難においては、空港や港の規模に応じ、漁船等の使用も含めた避難方法について関係機関と調整の上、必要な措置を講ずること」とし、「宮古フェリー、はやて及び多良間海運のほか、民間船舶会社や漁業協同組合に協力を要請し、輸送手段を確保する計画」という。

そしてさらに、「大規模な着上陸侵攻やその前提となる反復した航空機攻撃等の本格的な侵略事態が発生した場合に県外避難が想定」されており、「この際には、航空機及び船舶の確保が重要となりますが、できるだけ早い段階での取り組みが重要なことから、沖縄本島を経由せず、直接本土へ避難の指示をする」というのだ。

筆者は、すでに島嶼防衛戦の様相についても叙述してきたが、この作戦が想定する初期の作戦は宮古島海峡などへの「機雷戦」であり、水上、水中での対潜戦である。このような機雷がばらまかれ、凄まじい水上・水中戦闘が行われている海で、漁船などを含む民間船舶にどのようにして動き回れというのか。

それこそ、あの沖縄戦直前の学童疎開船「対馬丸」事件（1944年8月、学童など1485人死亡）やサイパンなどでの、かつての島嶼防衛戦（の前哨戦）で繰り返された悲惨な「海没」という事態を招くだけだ。

この住民避難の問題は、航空機での避難でも、同じような事態を引き起こすだろう。島嶼防衛戦の初動の激しい水上戦・航空戦が戦われているさなか、民間機などが飛べるような状況ではないのだ。結局、こういう沖縄戦体験を熟知している宮古島市などの市民らは、「島内避難」を選ぶだろう。そして、その島内避難もまた、厳しい状況に陥ることも明らかである。

防衛省は先の「回答」で、「防衛省・防衛装備庁国民保護計画では、住民の避難に関する措置の基本的な考えとして、保有する輸送手段の活用により**防衛省の本来任務に支障のない範囲**において、可能な限り避難住民の運送を支援することとしています」（傍点筆者）と述べ、いみじくも、「防衛省の本来任務に支障のない範囲」での住民避難への支援を行うとを明言した。その「本来任務」とは、いったんは敵に「奪回」されることをも想定した島嶼防衛戦である。住民避難などかまっていられるわけがない。いや、もともと自衛隊の「本来の任務」とは、「国民を守る」ことではないから、住民避難は２次的なものでしかないのだ。

この項の最後に、制服組の本音――島嶼防衛戦での住民避難問題についてのそれを紹介しよう（元陸自西部方面総監・用田和仁『日本の国防』２０１５年第70号「南西諸島の防衛」）。

「（沖縄の）この20の滑走路のある島に94％の人が住んでいるのです。ですから、何かあったときに155万人の人を全部島から、いわゆる全島避難させたりすることはなかなか難しいかもしれませんが、６％の島、いわゆる残りの島（先島諸島）から全島避難させるということはあり得るのだと思います。……この南西諸島の話が、尖閣であるとか小さなものに特化され過ぎて、皆さまはみんな尖閣、離島といえば尖閣の話しかしないのですが、それは大きな誤りで、いわゆる南西諸島の全地域が作戦地域になっている」（括弧内・傍点は筆者）

［参考］

＊国民保護法（武力攻撃事態等における国民の保護のための措置に関する法律）による住民避難

・「第10条　国は、対処基本方針及び第32条第１項の規定による国民の保護に関する基本指針に基づき、国民の保護のための措置に関し、次に掲げる措置を実施しなければならない。１警報の発令、避難措置の指示その他の住民の避難に関する措置。２救援の指示、応援の指示、安否情報の収集及び提供その他の避難住民等の救援に関する措置」など――都道府県（第11条）、市町村長も同（第16条）。

＊八重山諸島での住民避難とマラリア……アジア太平洋戦争下の八重山諸島周辺では、沖縄戦に備えて約

1万人の日本軍が配備された。しかし、沖縄戦の初戦としてこれらの島には、米軍の砲爆撃が行われ、住民は山地などへの「島内避難」（強制疎開）を強いられた。だが、マラリアの発生する地域への強制疎開が行われたために、多くの住民がマラリアに罹患し、多数の死者を出した。これが戦争マラリアと呼ばれ、死亡は八重山群島の住民3万1671人のうち、3647人にも及んだ。

先島諸島の「無防備都市（島）」宣言

以上、見てきたような、政府・自衛隊の恐るべき島嶼防衛戦――島嶼破壊戦に対し、先島諸島の住民らはどのようにすべきなのか。いや、これはもちろん、先島諸島の人々だけの問題ではない。「海洋限定戦争」を通して、日本全体が、ひいてはアジア太平洋地域が巻き込まれる戦争だ。

ここに筆者は1つの提案をしたいと思う。それは国際法上でも認められ、かつ歴史的にも宣言されてきた「**無防備都市（島）宣言**」を先島諸島の住民たちが宣言するということだ。

この無防備都市宣言は、「特定の都市」がハーグ陸戦条約第25条に定められた無防備都市であることを、紛争当事者に対して宣言したことを指すものである。正確には「無防備地区宣言」と呼ばれ、特定の都市、地域を無防備地域（Non-defended localities）であると宣言することをいうのである（ジュネーブ諸条約追加第1議定書第59条）。

こういう無防備都市宣言を行った地域に対し、紛争当事国が攻撃を行うことは、戦時国際法で禁止されている。そして、「無防備都市宣言」を行う場合、この地域からは全ての戦闘員、移動可能な兵器、軍事設備は撤去されなければならないし、また、この地域で軍隊や住民が軍事施設を使用することも、軍事行動の支援活動を行うことも禁止されるのだ。

つまり、「無防備地区宣言」とは、宣言する地域が軍事的な抵抗を行う能力と意思がない地域であることを示すことによって、その地域に対する攻撃の軍事的利益をなくし、その地域が軍事作戦による攻撃で受ける被害を最小限に抑えるためになされるものである。


歴史上、無防備都市宣言を行った地域は幾多の例があるが、もっとも有名であり、かつ成功した例が、フィリピン戦争でのマッカーサーの「マニラ無防備都市宣言」である。この戦争の経緯は省くが、１９４１年12月27日、マッカーサーはフィリピンに侵攻した日本軍に対し、マニラ市の「無防備都市宣言」を行い、米比軍の全てをマニラから撤退させ、マニラ湾の入口にあたるバターン半島・コレヒドール島に立て籠もったのだ。ルソン島の北西部リンガエン湾などに上陸した日本軍は、このため、フィリピン上陸以来のわずか10日でマニラに入城することになった。

言うまでもないが、マッカーサーがマニラ市の「無防備都市宣言」を行ったのは、東洋一美しいと言われたマニラ市とその100万人にのぼる住民たちを、殺戮と破壊・戦禍から守るためであった。そして、マッカーサーのその宣言によってマニラ市は、破壊からも殺戮からも完全に守られたのだ。

しかし、1945年、攻守は一転逆転したことは歴史の示すところである。1945年10月、マッカーサーの連合軍は、レイテに上陸し、その後日本軍が上陸した同じ場所、ルソン島リンガエン湾から上陸作戦を開始した（1945年1月9日）。だが、山下将軍の傘下にあった海軍マニラ防衛隊と陸軍部隊は、マッカーサーと対照的に「マニラ死守」を宣言したのだ。この日本軍の「マニラ死守」による凄まじい、地獄のような市街戦によって、東洋一の美しさを誇ったマニラ市は、徹底的に破壊し尽くされたのだ。マニラ市内に残る約70万人の市民のうち、およそ10万人が戦闘に巻き込まれて死亡（過半は日本軍の虐殺）し、マニラ市街は文字通り廃墟と化したのである。

「無防備都市宣言」は、事実上、紛争相手国の占領を無抵抗で受け入れることを宣言するもので、「降伏宣言」という主張がある。確かにそれは一面としては正しいだろう。しかし、現代世界において、「無防備都市宣言」を行い、文字通りの無防備の島々に対して、軍事的攻撃

石垣市に設置された平和都市宣言の碑

を行った場合、それこそ国際世論全てを敵に回すことになるだろう。

もちろん、無防備都市宣言は、この宣言を行うだけでは事足りない。沖縄・先島諸島の人々が、この宣言を契機に中国の各都市と平和交流・文化交流・経済交流を深めていくとき、その平和は本物となるだろう。つまり、先島諸島で「無防備都市宣言」を行い、実際に自衛隊配備を拒むならば、これは戦争を食い止める根源的・現実的力となるのである。

［参考］

＊ジュネーヴ条約追加第１議定書第59条

「**無防備地区**」……紛争当事国が無防備地区を攻撃することは、手段のいかんを問わず禁止する。紛争当事国の適当な当局は、軍隊が接触している地帯の付近またはその中にある居住地で、敵対する紛争当事国による占領のために開放されているものを無防備地区と宣言することができる。無防備地区は、次のすべての条件を満たさなければならない。

(a) すべての戦闘員ならびに移動兵器及び移動軍用設備が撤去されていること、

(b) 固定した軍用の施設または営造物が敵対的目的に使用されていないこと、

(c) 当局または住民により敵対行為が行われていないこと、

(d) 軍事行動を支援する活動が行われていないこと。

＊ハーグ陸戦条約の第25条「無防備都市、集落、住宅、建物はいかなる手段をもってしても、これを攻撃、砲撃することを禁ず」と定められている。

＊1922年締結のワシントン海軍軍縮条約による島嶼要塞化の禁止

米・英・仏・日は、1922年、軍艦の保有数を制限した4箇国条約を締結したが、この中でアジア太平洋地域の「要塞化禁止条項」も結んだ。それによると、日本の提案により、太平洋における各国の本土並びに本土にごく近接した島嶼以外の領土については、現在ある以上の軍事施設の要塞化が禁止された。日本に対しては千島諸島・小笠原諸島・奄美大島・琉球諸島・台湾・澎湖諸島、サイパン・テニアンなどの南洋諸島の要塞化を禁止した。アメリカに対しては、フィリピン・グアム・サモア・アリューシャン諸島の要塞化禁止した。

だが、１９３０年代において、戦争の危機が深まってくると、例えば日本の場合、サイパンのアスリート飛行場（現サイパン国際空港）を始め、秘密裡の軍事化が始められた。重要なことは、この時代でさえもアジア太平洋地域の島嶼を巡る軍拡の危機に対して、各国の島嶼の非軍事化が推し進められたということだ。

＊日中平和友好条約による「武力による威嚇および覇権を確立」の禁止（１９７８年）

第一条１　両締約国は、主権及び領土保全の相互尊重、相互不可侵、内政に対する相互不干渉、平等及び互恵並びに平和共存の諸原則の基礎の上に、両国間の恒久的な平和友好関係を発展させるものとする。

２　両締約国は、前記の諸原則及び国際連合憲章の原則に基づき、相互の関係において、すべての紛争を平和的手段により解決し及び武力又は武力による威嚇に訴えないことを確認する。

第二条　両締約国は、そのいずれも、アジア・太平洋地域においても又は他のいずれの地域においても覇権を求めるべきではなく、また、このような覇権を確立しようとする他のいかなる国又は国の集団による試みにも反対することを表明する。

［参考資料］

●資料1　我が国の領海及び内水で国際法上の無害通航に該当しない航行を行う外国軍艦への対処について

平成27年5月14日

閣議決定

政府は、我が国の領海及び内水において、外国軍艦が国際法上の無害通航に該当しない航行を行う場合、我が国の主権を守り、国民の安全を確保するとの観点から、関係機関がより緊密に協力し、いかなる不法行為に対しても切れ目のない十分な対応を確保するため、下記により対応することとする。

なお、外国軍艦のうち、我が国の領海及び内水で潜没航行する外国潜水艦については、「我が国の領海及び内水で潜没航行する外国潜水艦への対処について」（平成8年12月24日閣議決定）により対応するものとする。

記

1、事態の的確な把握

我が国の領海及び内水において、外国軍艦が国際法上の無害通航に該当しない航行を行う可能性がある場合、事態を把握した海上保安庁又は防衛省は、内閣情報調査室を通じて内閣総理大臣、内閣官房長官、内閣官房副長官、内閣危機管理監及び国家安全保障局長（以下「内閣総理大臣等」という。）への報告連絡を迅速に行うとともに、速やかに内閣官房、外務省その他関係省庁にこの旨を通報し、相互に協力して更なる事態の把握に努める。

なお、上記報告ルートに加え、海上保安庁又は防衛省による内閣総理大臣等への報告がそれぞれのルートで行われることを妨げるものではない。
2、事態への対処
政府は、我が国の領海及び内水で国際法上の無害通航に該当しない航行を行う外国軍艦に対しては、国際法に従って、我が国の領海外への退去要求等の措置を直ちに行うものとし、いかなる不法行為に対しても切れ目のない十分な対応を確保するとの観点から、当該措置は、自衛隊法第82条に基づき海上における警備行動を発令し、自衛隊の部隊により行うことを基本とする。この際、防衛省、外務省及び海上保安庁は相互に緊密かつ迅速に情報共有し、調整し、及び協力するものとする。
3、迅速な閣議手続等
（1）我が国の領海及び内水で国際法上の無害通航に該当しない航行を行っていると判断された外国軍艦への対処に関し、海上における人命若しくは財産の保護又は治安の維持のため特別の必要があり、自衛隊法第82条に規定する海上における警備行動の発令に係る内閣総理大臣の承認等のために閣議を開催する必要がある場合において、特に緊急な判断を必要とし、かつ、国務大臣全員が参集しての速やかな臨時閣議の開催が困難であるときは、内閣総理大臣の主宰により、電話等により各国務大臣の了解を得て閣議決定を行う。この場合、連絡を取ることができなかった国務大臣に対しては、事後速やかに連絡を行う。

（2）上記（1）の命令発出に際して国家安全保障会議における審議等を行う場合には、電話等によりこれを行うことができる。

4、事案発生前からの緊密な連携等

上記のほか、内閣官房及び関係省庁は、事案が発生する前においても連携を密にし、我が国の領海及び内水で国際法上の無害通航に該当しない航行を行う外国軍艦への対応について認識を共有するとともに、訓練等を通じた対処能力の向上等を図り、事案が発生した場合には迅速に対応することができる態勢を整備することとする。

●資料2　離島等に対する武装集団による不法上陸等事案に対する政府の対処について

平成27年5月14日

閣議決定

政府は、離島又はその周辺海域（以下「離島等」という。）において、武装した集団又は武装している蓋然性が極めて高い集団が当該離島に不法に上陸するおそれが高い事案又は上陸する事案（以下「離島等に対する武装集団による不法上陸等事案」という。）が発生した場合、我が国の主権を守り、国民の安全を確保するとの観点から、関係機関がより緊密に協力し、いかなる不法行為に対しても切れ目のない十分な対応を確保するため、下記により対応することとする。

記

1、事態の的確な把握

離島等に対する武装集団による不法上陸等事案が発生した場合、事態を把握した別紙1に掲げる関係省庁（以下「関係省庁」という。）は、内閣情報調査室を通じて内閣総理大臣、内閣官房長官、内閣官房副長官、内閣危機管理監及び国家安全保障局長（以下「内閣総理大臣等」という。）への報告連絡を迅速に行うとともに、相互に協力して更なる事態の把握に努める。なお、上記報告ルートに加え、関係省庁による内閣総理大臣等への報告がそれぞれのルートで行われることを妨げるものではない。

2、対策本部の設置等

政府は、離島等に対する武装集団による不法上陸等事案が発生し、政府としての対処を総合的かつ強力に推進する必要がある場合には、内閣総理大臣の判断により、内閣に、内閣総理大臣を本部長とし、内閣官房長官その他必要により本部員のうち国務大臣である者の中から本部長が指定する者を副本部長とする対策本部を速やかに設置する。対策本部の本部員は別紙2のとおりとし、その運用については、「重大テロ等発生時の政府の初動措置について」（平成10年4月10日閣議決定）による対策本部に準ずるものとする。

3、事態緊迫時の対処

事態が緊迫し、海上警備行動（自衛隊法第82条に規定する海上における警備行動をいう。以下同じ。）命令又は治安出動（自衛隊法第78条に規定する命令による治安出動をいう。以下同じ。）命令の発出が予測される場合には、対策本部の下、内閣官房、外務省、海上保安庁、警察庁及び防衛省を中心に、あらかじめ、海上警備行動命令又は治安出動命令の発出に係る、対処方針の検討、自衛隊と海上保安庁、警察等との間の役割分担及び連携の確認、国際法との整合性の確認、必要な情報の共有等について、相互に最大限の協力を行い、海上警備行動命令又は治安出動命令が発出された際には速やかに強力な対処を行うことができる態勢を整える。

4、迅速な閣議手続等

（1）海上警備行動

海上保安庁のみでは対応できないと認められ、海上警備行動命令の発出に係る内閣総理大臣の承認等のために閣議を開催する必要がある場合において、特に緊急な判断を必要とし、かつ、国務大臣全員が参集しての速やかな臨時閣議の開催が困難であるときは、内閣総理大臣の主宰により、電話等により各国務大臣の了解を得て閣議決定を行う。この場合、連絡を取ることができなかった国務大臣に対しては、事後速やかに連絡を行う。

（２）治安出動等

警察機関による迅速な対応が困難である場合であって、かつ、事態が緊迫し、治安出動命令の発出が予測される場合における防衛大臣が発する治安出動待機命令及び武器を携行する自衛隊の部隊が行う情報収集命令に対する内閣総理大臣による承認、一般の警察力をもっては治安を維持することができないと認められる事態が生じた場合における内閣総理大臣による治安出動命令の発出等のために閣議を開催する必要がある場合において、特に緊急な判断を必要とし、かつ、国務大臣全員が参集しての速やかな臨時閣議の開催が困難であるときは、内閣総理大臣の主宰により、電話等により各国務大臣の了解を得て閣議決定を行う。この場合、連絡を取ることができなかった国務大臣に対しては、事後速やかに連絡を行う。

（３）上記（１）又は（２）の命令発出に際して国家安全保障会議における審議等を行う場合には、電話等によりこれを行うことができる。

５、事案発生前からの緊密な連携等

上記のほか、内閣官房及び関係省庁は、事案が発生する前においても連携を密にし、離島等に対する武装集団による不法上陸等事案に発展する可能性がある事案に関する情報を収集、交換し、事案への対応について認識を共有するとともに、訓練等を通じた対処能力の向上等を図り、事案が発生した場合には迅速に対応することができる態勢を整備することとする。

（別紙1　以下略）

●資料3　領域等の警備に関する法律案（民主党・維新の会）

（目的）

第一条　この法律は、警察機関及び自衛隊が事態に応じて適切な役割分担の下で迅速に行動できるようにするため、領域警備基本方針の策定、領域警備区域における自衛隊の行動及び権限その他の必要な事項について定めることにより、領域等における公共の秩序を維持し、もって国民の安全の確保に資することを目的とする。

（定義）

第二条　この法律において、次の各号に掲げる用語の意義は、当該各号に定めるところによる。

一　領域等　我が国の内水、我が国の領海及びその周辺の政令で定める海域並びに我が国の領域のうち国境周辺の離島その他の政令で定める陸域をいう。

二　警察機関　警察及び海上保安庁をいう。

三　領域警備区域　第五条第一項の規定により指定された区域をいう。

（基本原則）

第三条　領域等における公共の秩序の維持のための活動は、警察機関をもって行うことを基本とし、警察機関をもっては公共の秩序を維持することができないと認められる事態が発生した場合には、自衛隊が、警察機関との適切な役割分担を踏まえて、当該事態に対処するものとする。
2　警察機関、自衛隊その他の関係行政機関は、領域等における公共の秩序の維持に関し、必要かつ十分な体制を維持しつつ、正確な情報を共有する等相互に緊密な連携を図りながら協力しなければならない。
3　この法律の施行に当たっては、関係行政機関の活動により事態が更に緊迫することのないよう留意するとともに、この法律に基づき実施する措置は、対処することが必要な行為に対して均衡のとれた対抗措置として相当と認められる範囲内において行われなければならない。
4　この法律の施行に当たっては、我が国が締結した条約その他の国際約束の誠実な履行を妨げることがないよう留意するとともに、確立された国際法規を遵守しなければならない。
（領域警備基本方針）
第四条　政府は、五年を一期として、領域等の警備に関する基本的な方針（以下「領域警備基本方針」という。）を定めるものとする。
2　領域警備基本方針に定める事項は、次のとおりとする。
一　領域等の警備に関する基本的な事項

二　警察機関の領域等の警備に関する能力の強化のための基本的な事項
警察機関、自衛隊その他領域等における公共の、秩序の維持に当たる関係機関の連携に関する基本的な事項
四　領域警備区域に関する次に掲げる通則的事項
イ　次条第一項の規定による指定の基準その他当該指定の基本的な方針
ロ　各領域警備区域において共通して実施する活動に関する事項
ハ　自衛隊法（昭和二十九年法律第百六十五号）第七十八条第一項及び第八十一条第二項に規定する出動（第八条第一項において「治安出動」という。）の命令並びに同法第七十九条第一項に規定する出動待機命令（第八条第二項において「治安出動待機命令」という。）及び同法第八十二条に規定する行動（第八条第二項において「海上警備行動」という。）の承認に係る手続に関する事項
ニ　第十条に規定する船舶の航行に関する通報に関する事項
五　領域警備区域の実情に応じ、前号ロに規定する活動以外の活動を実施することがある場合は、その活動に関する事項
六　その他領域等の警備に関する重要事項
3　内閣総理大臣は、領域警備基本方針の案を作成し、閣議の決定を求めなければならない。
4　内閣総理大臣は、前項の閣議の決定があったときは、領域警備基本方針に基づく措置の実施前に、当該領域警備基本方針につき、国会の承認を得なければならない。

5　内閣総理大臣は、第三項の閣議の決定があったときは、遅滞なく、領域警備基本方針を公表しなければならない。

6　内閣総理大臣は、第四項の規定に基づく領域警備基本方針の承認があったときは、遅滞なく、その旨を公表しなければならない。

7　第三項から前項までの規定は、領域警備基本方針の変更について準用する。この場合において、第四項中「領域警備基本方針に基づく措置の実施前に、当該領域警備基本方針」とあるのは、「当該変更後の領域警備基本方針（当該変更に係る部分に限る。）に基づく措置の実施前に、当該変更に係る部分」と読み替えるものとする。

（領域警備区域）

第五条　内閣総理大臣は、領域等のうち、武装していることが疑われる者による不法行為が行われる事態その他やむを得ず実力の行使を伴う対処が必要になる事態であって、警察機関の配置の状況、本土からの距離その他の事情により適切な対処に支障を生ずるものが発生するおそれのある区域について、二年以内の期間を定めて、告示をもって領域警備区域として指定することができる。

2　内閣総理大臣は、前項の規定による指定（以下この条において「指定」という。）をするには、国土交通大臣、防衛大臣及び国家公安委員会の間で協議をさせた上で、閣議の決定を経なければならない。

3 指定は、第一項の告示があった日から、その効力を生ずる。
4 内閣総理大臣は、指定をしたときは、当該指定に係る告示の日から二十日以内に国会に付議して、当該指定につき、国会の承認を求めなければならない。ただし、国会が閉会中の場合又は衆議院が解散されている場合には、その後最初に召集される国会において、速やかに、その承認を求めなければならない。
5 内閣総理大臣は、前項の規定に基づく指定の承認があったときは、直ちに、その旨を公示しなければならない。
6 第四項の規定に基づく指定の承認の求めに対し、不承認の議決があったときは、当該指定は、将来に向かってその効力を失う。
7 内閣総理大臣は、領域警備区域についてその指定の必要がなくなったと認めるときは、告示をもって当該指定を解除しなければならない。
8 第六項に規定する場合又は前項の規定による指定の解除があった場合は、当該区域に係る第七条第一項、第八条又は第十条の規定の適用を受けて行われる措置は、速やかに、終了されなければならない。

（対処要領）

第六条　国土交通大臣、防衛大臣及び国家公安委員会は、領域警備基本方針に基づき、領域警備区域ごとに、当該領域警備区域において治安を維持するための行動準則について定めた対処要領を定め、内閣総理大臣の承認を得なければならない。

2　前項の規定は、同項の対処要領の変更について準用する。

（領域警備行動）

第七条　防衛大臣は、領域警備区域における人命若しくは財産の保護又は治安の維持のため領域警備区域における警備をあらかじめ強化しておく必要があると認めるときは、自衛隊の部隊に対し、前条第一項の対処要領に基づき、情報の収集、不法行為の発生の予防及び不法行為への対処その他の必要な措置を講じさせることができる。

2　防衛大臣は、前項の措置のうち海域に係るものを講じさせるには国土交通大臣の意見を、同項の措置のうち陸域に係るものを講じさせるには国家公安委員会の意見（当該陸域が海上保安庁法（昭和二十三年法律第二十八号）第二十八条の二第一項に規定する離島である場合には、国土交通大臣及び国家公安委員会の意見）を、それぞれ聴かなければならない。

3　警察官職務執行法（昭和二十三年法律第百三十六号）第二条並びに第六条第一項、第三項及び第四項の規定は警察官又は海上保安庁法第二十八条の二第一項の規定による職務に従事する海上保安官若しくは海上保安官補がその場にいない場合に限り、警察官職務執行法第四条の規定は警察官がその場にいない場合に限り、第一項の規定による措置の職務に従事する自衛官の職務の執行について準用する。この場合において、同条第二項中「公安委員会」とあるのは、「防衛大臣の指定する者」と読み替えるものとする。

4　警察官職務執行法第五条及び第七条の規定は、第一項の規定による措置の職務に従事する自衛官の職務の執行について準用する。
5　海上保安庁法第十六条、第十七条第一項及び第十八条の規定は、第一項の規定による措置の職務に従事する海上自衛隊の三等海曹以上の自衛官の職務の執行について準用する。
6　自衛隊法第八十九条第二項の規定は、第四項において準用する警察官職務執行法第七条の規定により自衛官が武器を使用する場合について準用する。

（治安出動等の手続の特例）
第八条　内閣総理大臣が領域警備区域について自衛隊法及び領域警備基本方針の定めるところにより治安出動を命ずる場合においては、その命令は、内閣法（昭和二十二年法律第五号）第四条第一項の規定による閣議の決定に基づくものとみなす。
2　内閣総理大臣が領域警備区域について自衛隊法及び領域警備基本方針の定めるところにより防衛大臣が発し、又は命ずる治安出動待機命令又は海上警備行動を承認する場合においては、その承認は、内閣法第四条第一項の規定による閣議の決定に基づくものとみなす。

（警戒監視の措置）
第九条　防衛大臣は、領域等における公共の秩序の維持を図るため、自衛隊の部隊に対し、必要な情報の収集その他の警戒監視の措置を講じさせることができる。

（船舶の航行に関する通報）

第十条　海上保安庁長官は、領域警備区域（我が国の内水又は領海である区域に限る。）内の特定の海域において、公共の秩序を維持するため特に必要があると認めるときは、告示により、当該特定の海域の範囲及び期間を定めて、当該特定の海域を航行しようとする船舶（軍艦及び各国政府が所有し又は運航する船舶であって非商業的目的のみに使用されるものを除く。以下この条において同じ。）の船長等（船長又は船長に代わって船舶を指揮する者をいう。以下この条において同じ。）に対し、事前に当該船舶の名称、船籍港、船長等の氏名、目的港又は目的地その他の国土交通省令で定める事項を最寄りの海上保安庁の事務所に通報することを求めることができる。

2 前項の規定による船舶の船長等の通報は、当該船舶の所有者又は船長等若しくは所有者の代理人もすることができる。

（適切な連絡体制の構築等）

第十一条　政府は、領域等の警備に関し実施する活動に伴い不測の事態が発生することを防止するため、各国政府との間で、国の防衛に関する職務を行う当局、海上における公共の秩序の維持に関する職務を行う当局その他の関係行政機関相互間の意思疎通と相互理解の増進、安全保障の分野における信頼関係の強化及び交流の推進、緊急時の連絡体制の構築その他の必要な措置を講ずるよう努めるものとする。

（政令への委任）

第十二条　この法律に定めるもののほか、この法律の実施のための手続その他この法律の施行に関し必要な事項は、政令で定める。

附則（以下略）

●資料4　防衛省文書「南西地域の防衛態勢の強化」について
——情報公開請求で出された文書

筆者は、２０１６年9月冒頭から、防衛省本省ならびに防衛省沖縄防衛局・九州防衛局に情報公開請求を行った。開示請求内容は、石垣島・宮古島・奄美大島における「陸自駐屯地建設業務計画」全容（協議書など）と、関連する文書および防衛省・自衛隊での南西諸島配置計画の全てを開示することである。

この結果、奄美大島については、「奄美大島への部隊配備について」「基本構想業務の概要及び位置図」など23枚の文書が開示された（一部は本文で紹介）。しかし、宮古島などについては、2カ月以上たっても、「開示調整に時間がかかる」として開示されていない。この理由は明らかだろう。現地での住民運動への影響を恐れて開示を渋っているのだ。

こういう中で、同年11月初め、防衛省は「南西地域の防衛態勢の強化」という文書を、この請求に基づき開示した（2カ月引き延ばした挙げ句）。この文書は、作成日付も作成機関の名前も明記されていないが、内容からして、おそらく与党の国会議員向けの「宣伝文書」である。しかし、ここには先島諸島——南西諸島配備に関する全体像が示されているので、画像のまま掲載することにした。少し読みづらいが参考にしてほしい。

南西地域の防衛態勢の強化

南西地域における防衛体制の現状

（平成２８年３月末）

- ○ 空自レーダーサイトや、空自通信隊、海自基地分遣隊等が所在するが、沖縄本島及び与那国島以外には陸自部隊の配置なし
- ○ 戦闘機部隊は第８３航空隊の１個飛行隊のみであったが、平成28年1月31日に第9航空団を新編し、那覇基地におけるF－15戦闘機部隊を2個飛行隊化。

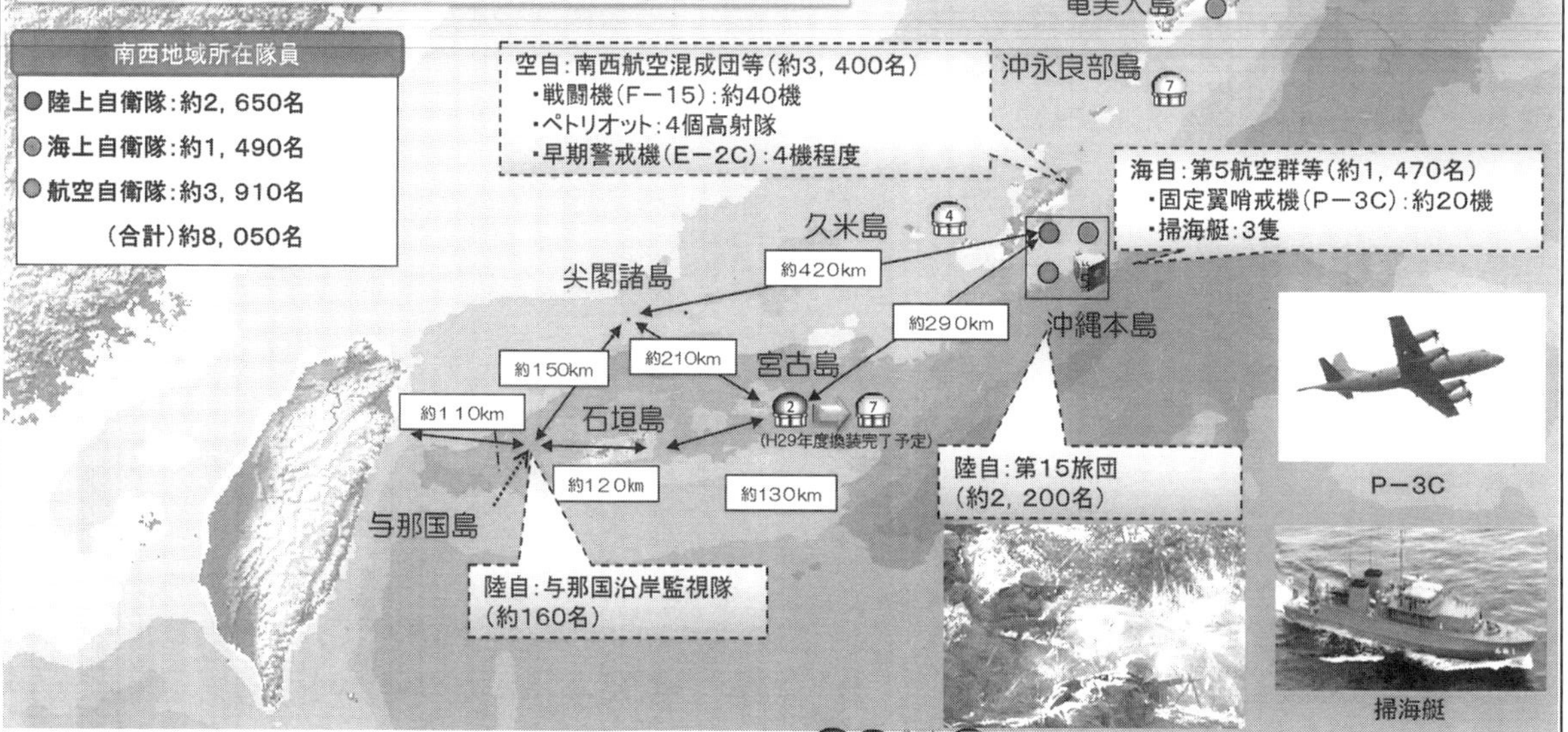

（注1）主要部隊のみ記載。（注2）人数については、自衛官・事務官等の合計である。（注3）　　　　はそれぞれレーダーサイトを示す。

南西地域における陸上自衛隊拠点整備の状況

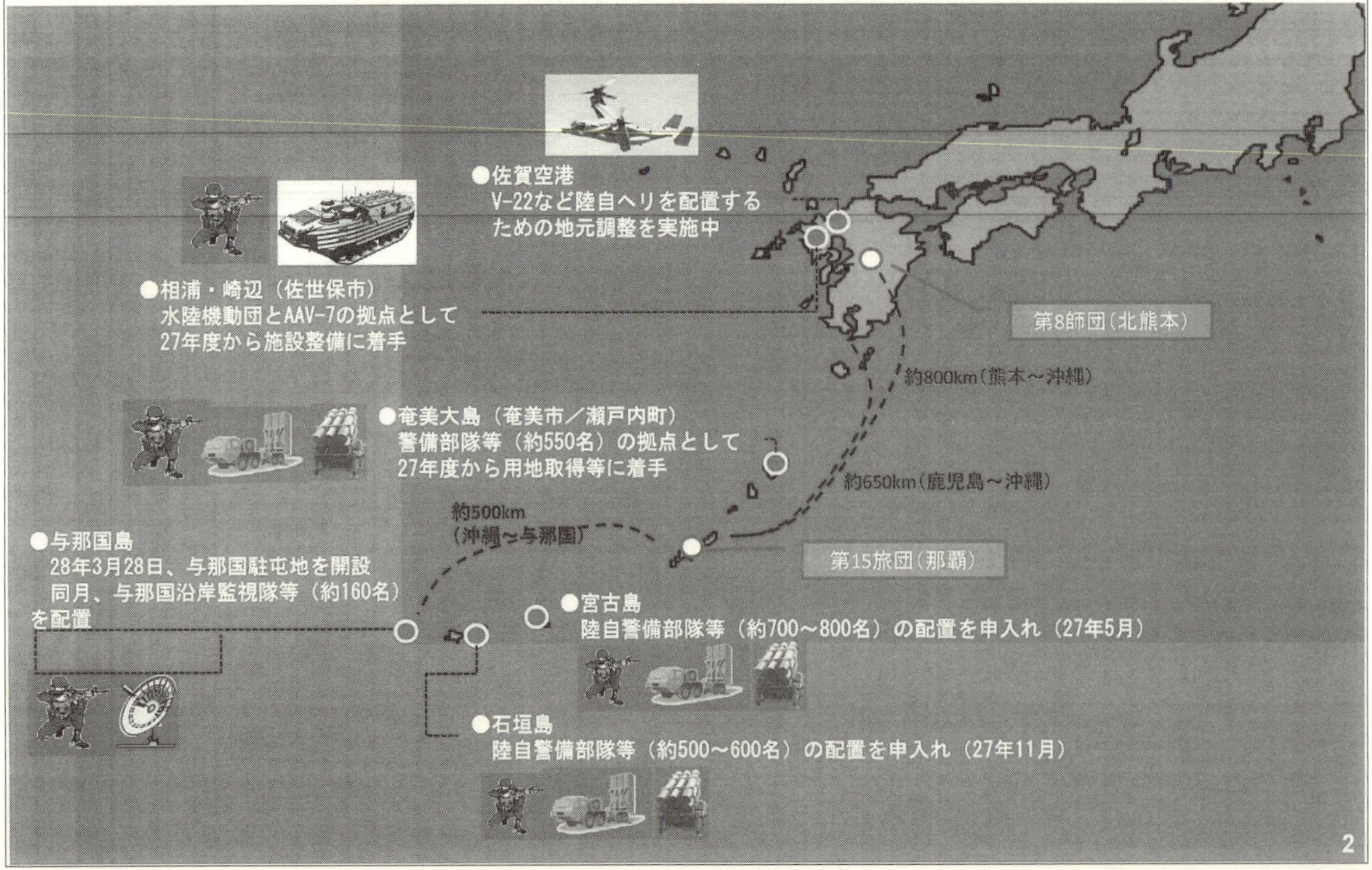

南西地域における陸上自衛隊拠点整備の状況②

配置予定先		配置予定候補地	配置予定部隊	配置部隊の規模	配置要請	地元受入表明	状況等
奄美大島	奄美市	奄美ｶﾝﾄﾘｰｸﾗﾌﾞ	警備部隊 地対艦誘導弾部隊 地対空誘導弾部隊	約550名	26年8月	○ （26年8月）	・ 用地取得に向け測量調査を実施中
	瀬戸内町	節子地区					
宮古島		大福牧場 千代田ｶﾝﾄﾘｰｸﾗﾌﾞ	警備部隊 地対艦誘導弾部隊 地対空誘導弾部隊	約700～800名	27年5月	△ （市議会では「陸自部隊の早期配備を求める市民団体の要請書」を可決（27年7月））	・ 現時点で、宮古島市長は受入れを表明していない
石垣島		平得大俣の東側にある市有地及びその周辺	警備部隊 地対艦誘導弾部隊 地対空誘導弾部隊	約500～600名	27年11月	―	・ 左藤前防衛副大臣から現地調査実施の協力を依頼【27年5月】 ・ **若宮防衛副大臣から警備部隊等の配置を申入れ【27年11月】**
与那国島		久部良地区 祖内地区	沿岸監視部隊	約160名	―	○ （町長が防衛大臣に対し自衛隊誘致を陳情（21年6月））	・ 陸自沿岸監視部隊配備の是非を問う住民投票(賛成632票、反対445票)【27年2月】 ・ **与那国駐屯地を開設し、与那国沿岸監視隊等を配置【28年3月28日】**

南西地域における警備部隊等の概要【奄美大島】

配置の必要性

■　薩南諸島は、陸上自衛隊配備の空白地域
→　初動を担任する警備部隊等の新編等を行い、態勢を強化することが必要

これまでの取組

■　平成25年度及び平成26年度に、候補地の選定に向け、必要な現地調査等を実施。

■　平成26年8月、武田元防衛副大臣が奄美大島を訪問し、配置する部隊の概要及び候補地について説明。同年同月、地元自治体から受入の意向を確認。

■　平成27年度予算においては、用地取得及び調査等の経費として約32億円が認められた。

■　平成28年度予算においては、敷地造成、実施設計等に係る経費として約87億円が認められた。

■　奄美カントリー地区について、平成28年3月30日、用地取得の契約を締結。

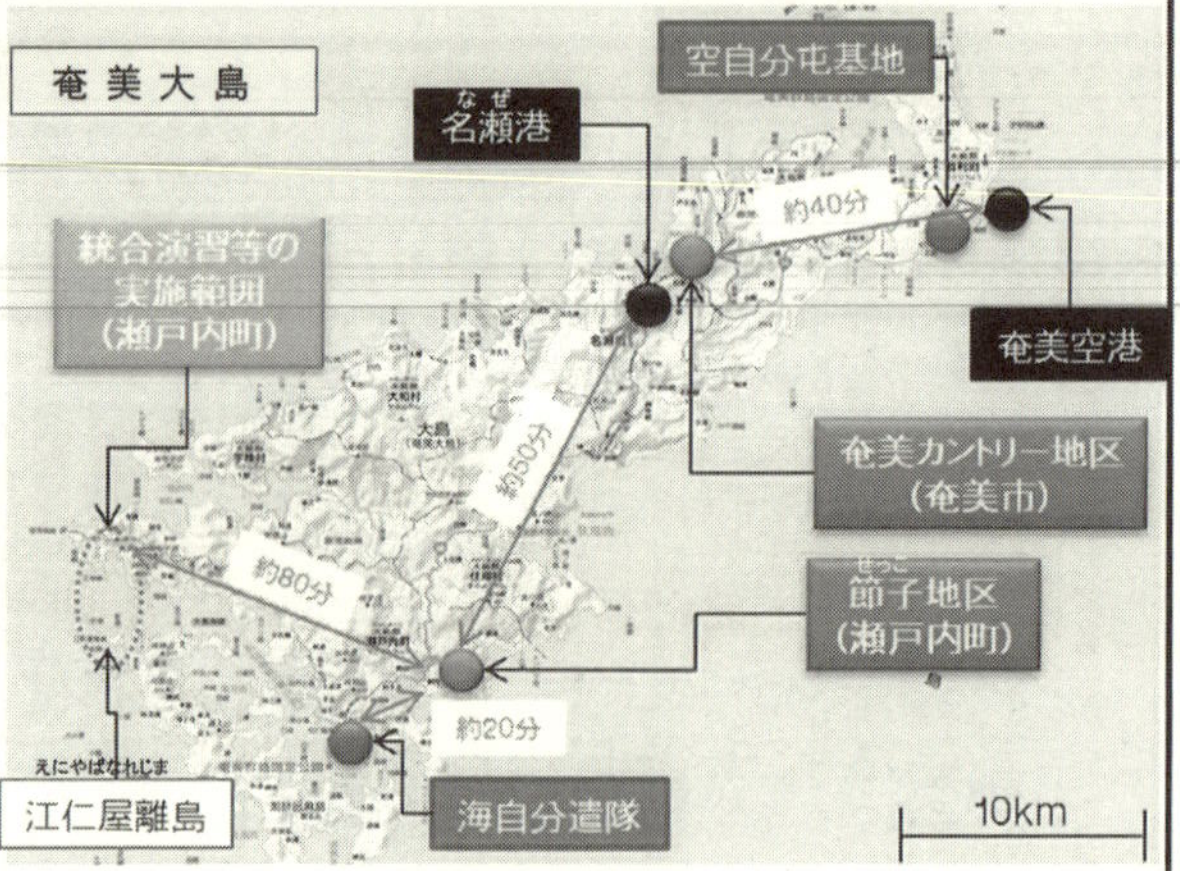

配置部隊のイメージ

奄美カントリー地区（奄美市）　約350人

- 警備部隊
- 中SAM
- 場外離着陸場、射撃場／燃料施設／小規模火薬庫

節子地区（瀬戸内町）　約200人

- 警備部隊
- SSM
- 場外離着陸場／燃料施設／大規模火薬庫

南西地域における警備部隊等の概要【宮古島】

■　宮古島の主な選定理由

○　宮古島には約４万８千人と多くの住民が暮らしているものの、陸自部隊が配備されておらず、島嶼防衛や大規模災害など各種事態において自衛隊として適切に対応できる体制が十分には整備されていない。

○　宮古島は部隊を配置できる十分な地積を有しており、島内に空港や港湾等も整備されていることから、南西諸島における各種事態への対処における部隊の連絡・中継拠点として、また災害対処における救援拠点として活用しうる。

○　隊員やその家族を受入れ可能な生活インフラが十分に整備されている。

■　予算関係

○　平成２８年度予算においては、用地取得、基本検討、敷地造成等に係る経費として約１０８億円が認められた。

■配置先候補地など

(※)グーグルマップに防衛省加筆

これら候補地に隊庁舎、グラウンド、火薬庫、訓練場等を整備することを念頭に置いているところ

(※)写真はイメージ

隊庁舎

グラウンド

火薬庫

訓練場

■主な部隊の概要

警備部隊

地対空ミサイル部隊

地対艦ミサイル部隊

隊員規模は700～800人程度

南西地域における警備部隊等の概要【石垣島】

■　石垣島の主な選定理由

○　石垣島及びその周辺離島には約５万３千人と多くの住民が暮らしているものの、陸自部隊が配備されておらず、島嶼防衛や大規模災害など各種事態において自衛隊として適切に対応できる体制が十分には整備されていない。

○　石垣島は、部隊を配置できる十分な地積を有しており、島内に空港や港湾等も整備されているとともに、先島諸島の中心に位置しており、各種事態において迅速な初動対応が可能な地理的優位性があること。また、災害対処における救援拠点として活用し得る。

○　隊員やその家族を受入れ可能な生活インフラが十分に整備されている。

■配置先候補地など

(※)グーグルマップに防衛省加筆

「平得大俣の東側にある市有地及びその周辺」に隊庁舎、グラウンド、火薬庫、射撃場等を整備する予定

(※)写真はイメージ

隊庁舎

グラウンド

火薬庫

射撃場

■主な部隊の概要

警備部隊

地対空ミサイル部隊

地対艦ミサイル部隊

隊員規模は500人
～600人程度

沿岸監視部隊の概要及び配置場所について【与那国島】

○ ２８年３月２８日、与那国駐屯地を開設し、約１６０名規模の与那国沿岸監視部隊等を配置

○ 沿岸監視部隊の任務は、我が国の領海、領空の境界に近い地域において、付近を航行・飛行する艦船や航空機を沿岸部から監視して各種兆候を早期察知すること

○ 我が国の領海、領空の境界に近いこと（与那国島は日本最西端の島）や部隊配置を行う上で必要な地積や社会基盤（電力・通信・上下水道）等が存在していること等を総合的に考慮し、与那国島を配置場所として選定

○ 与那国島の地理的環境（沖縄島から約５００ｋｍ）を踏まえ、警備機能及び会計・衛生等の後方支援機能を独自に保有

○ 平成２８年度予算においては、宿舎整備に係る経費として約５５億円が認められた。

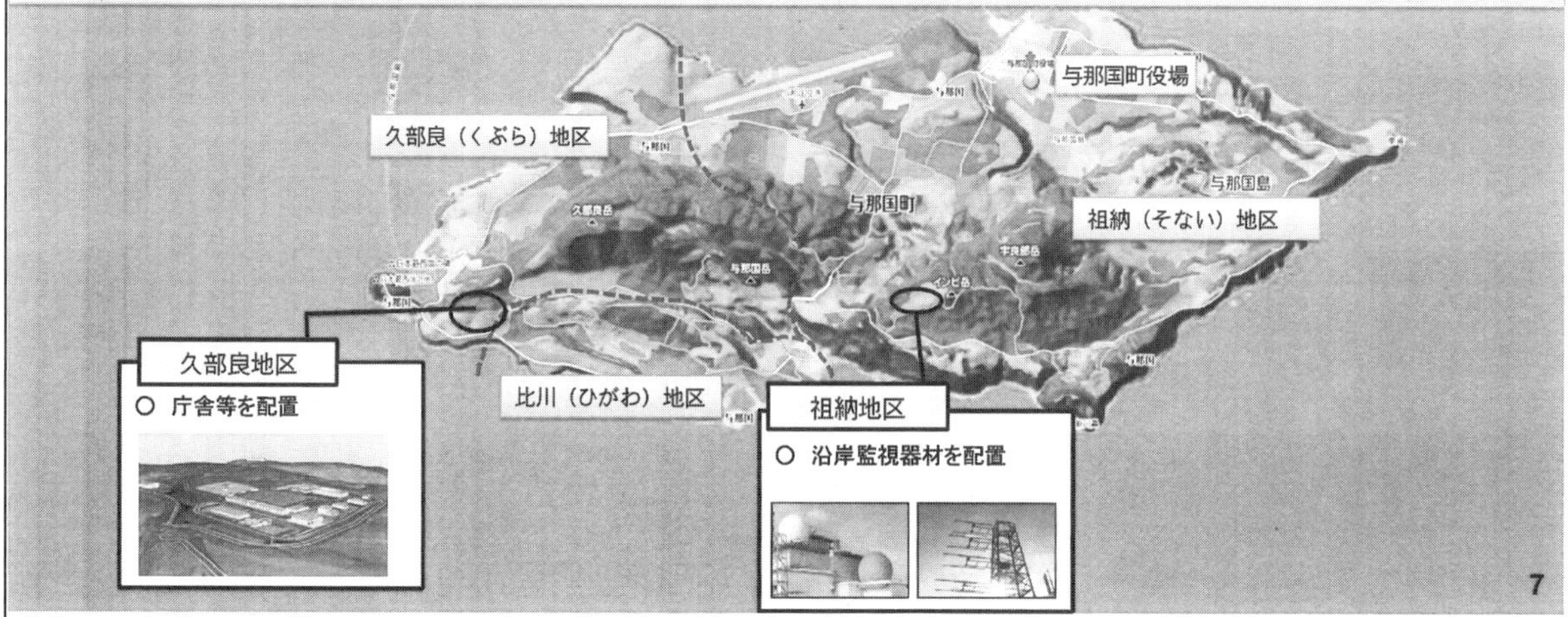

水陸機動団の概要

■ 防衛大綱、中期防において、島嶼への侵攻があった場合、速やかに上陸・奪回・確保するための本格的な水陸両用作戦能力を新たに整備するため、連隊規模の複数の水陸両用作戦部隊等から構成される水陸機動団を新編することとしている。

■ 28年度末に水陸機動教育隊を新編予定

■ 27年度予算

【相浦駐屯地】隊庁舎、緊急脱出訓練場等の施設整備等に係る経費約50億円

■ 28年度予算

【相浦駐屯地】庁舎の改修、燃料施設の増改修などの施設整備に係る経費約32億円

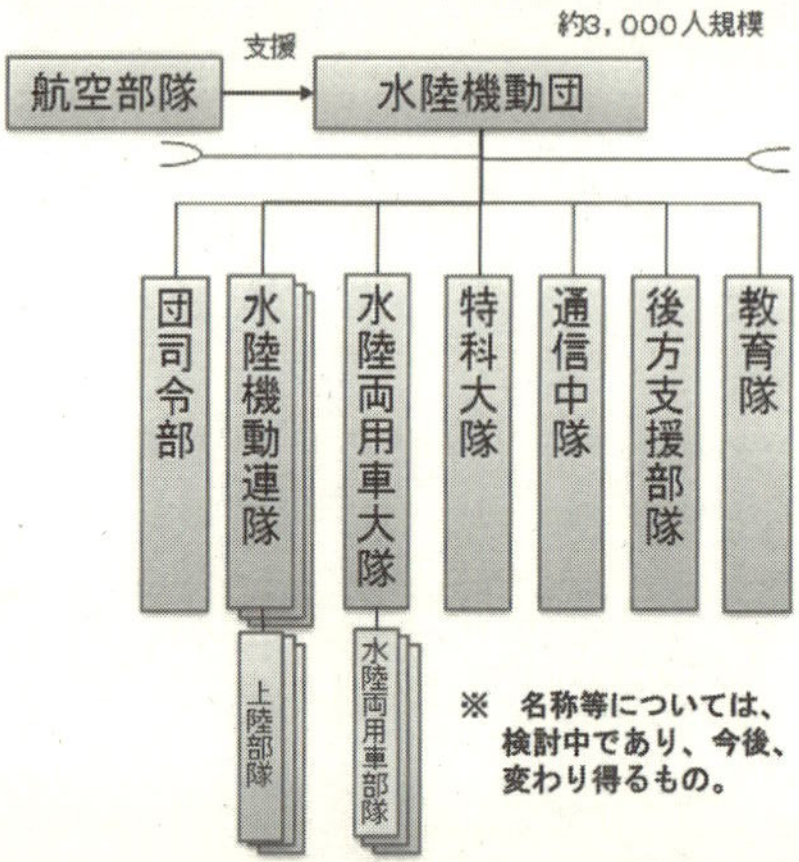

※ 名称等については、検討中であり、今後、変わり得るもの。

崎辺地区の施設整備構想

■ 崎辺西地区については、水陸両用車を運用する部隊を配置する予定
■ 崎辺東地区については、DDH等の大型護衛艦や「おおすみ」型輸送艦等が係留可能な大規模な岸壁等を整備する予定
■ 27年度予算
【崎辺西地区】用地取得及び調査・設計等に係る経費として約23億円
【崎辺東地区】必要な施設の整備を検討するための調査及び検討に係る経費として約2億円
■ 28年度予算
【崎辺西地区】隊庁舎、水陸両用車訓練場などの施設整備に係る経費として約74億円
■ 崎辺西地区については、佐世保重工業と不動産売買の契約を締結（27年12月11日）

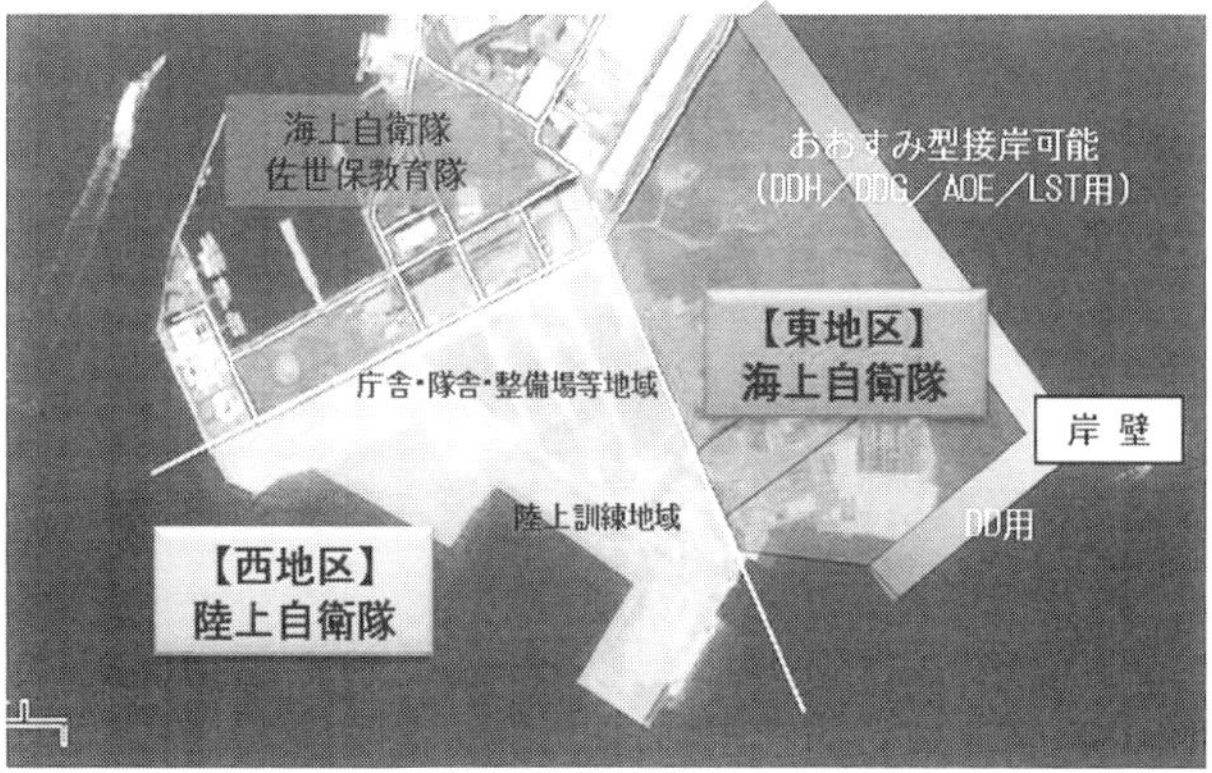

【水陸両用車を運用する部隊の配置先を崎辺西地区とした理由】
■ 水陸両用車に搭乗する水陸機動連隊の近傍に位置
■ 海自の艦艇に搭載して輸送することになるため、搭載が容易な港湾等の近傍に配置することで迅速に南西地域に展開することが可能

第9航空団の新編

- 那覇基地には、戦闘機部隊1個飛行隊で構成される第83航空隊が置かれていた。
- 近年、南西方面での緊急発進回数が増加するなど、南西地域における防空態勢を充実させる必要があることから、中期防において、那覇基地の戦闘機部隊を2個飛行隊とすることを決定。

28.3.31現在

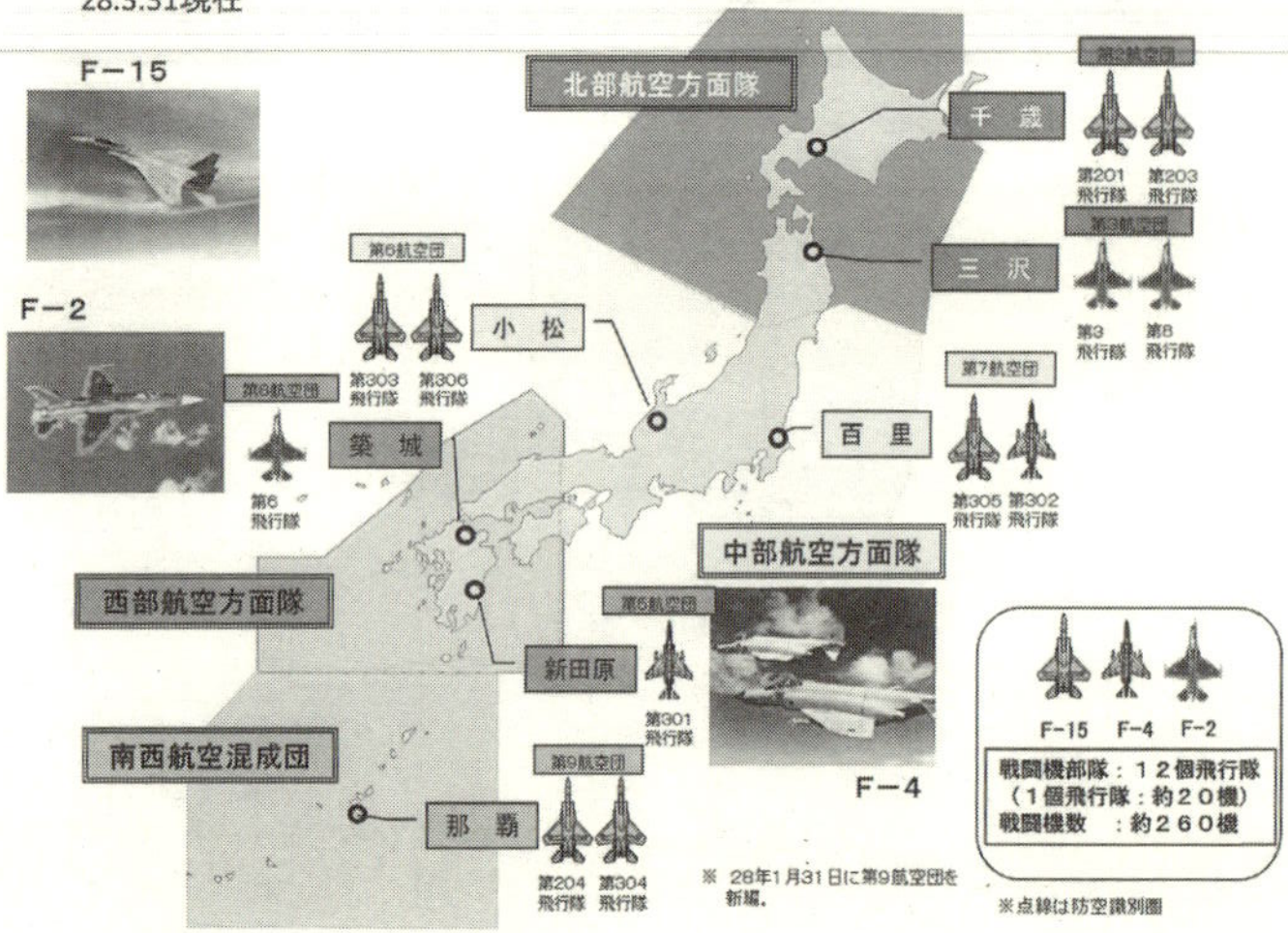

航空方面隊等別緊急発進回数の推移

28.3.31現在

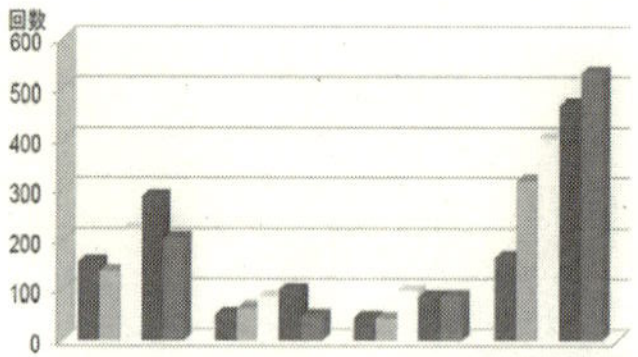

	北空	中空	西空	南混	合計
■ 23年度	158	54	47	166	425
■ 24年度	139	65	45	318	567
□ 25年度	222	86	100	402	810
■ 26年度	286	102	87	468	943
■ 27年度	205	50	87	531	873

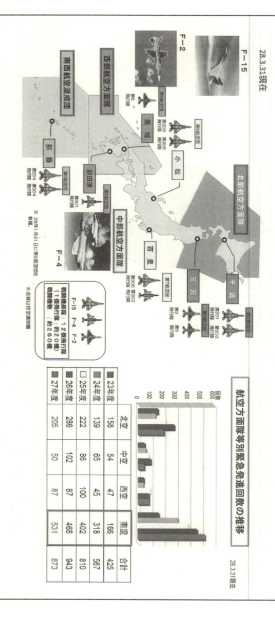

第9航空団の新編

27年度予算において、築城基地に所在する第8航空団から第304飛行隊（F－15部隊）を那覇基地に移動し、第83航空隊の第204飛行隊（F－15部隊）とあわせてF－15部隊2個飛行隊を配備するとともに、平成28年1月31日に第9航空団を那覇基地に新編。

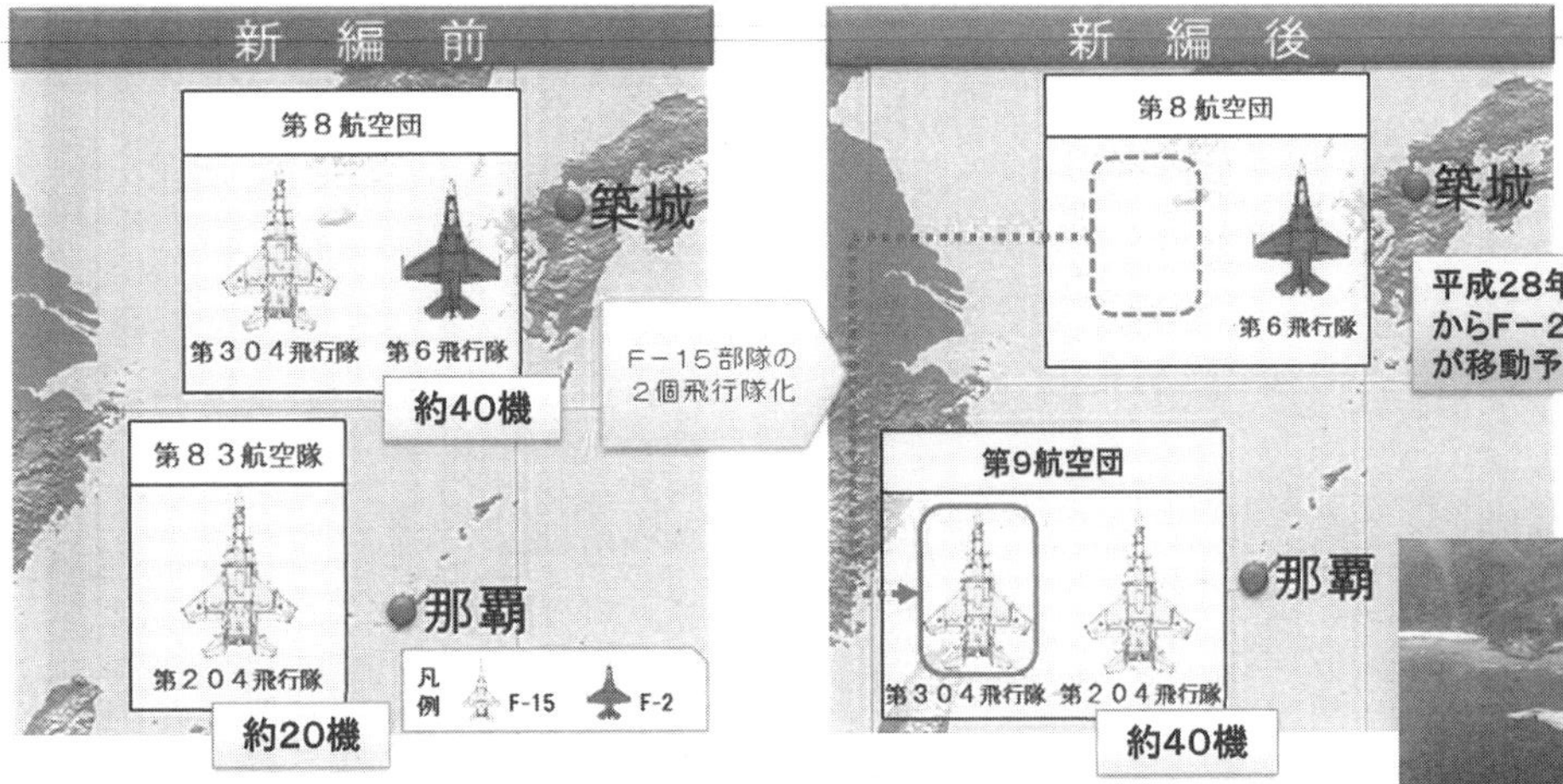

F－15

戦闘機部隊等の体制移行（南西地域）

○　南西地域の防衛態勢の強化を始め、各種事態における実効的な抑止及び対処を実現する前提となる航空優勢の確実な維持に向けた態勢を整えるため、戦闘機部隊の体制移行の実施。
○　平成２８年度においては、築城基地の戦闘機部隊を２個飛行隊とするとともに、新田原基地のＦ－４部隊と百里基地のＦ－１５部隊を入れ替え。

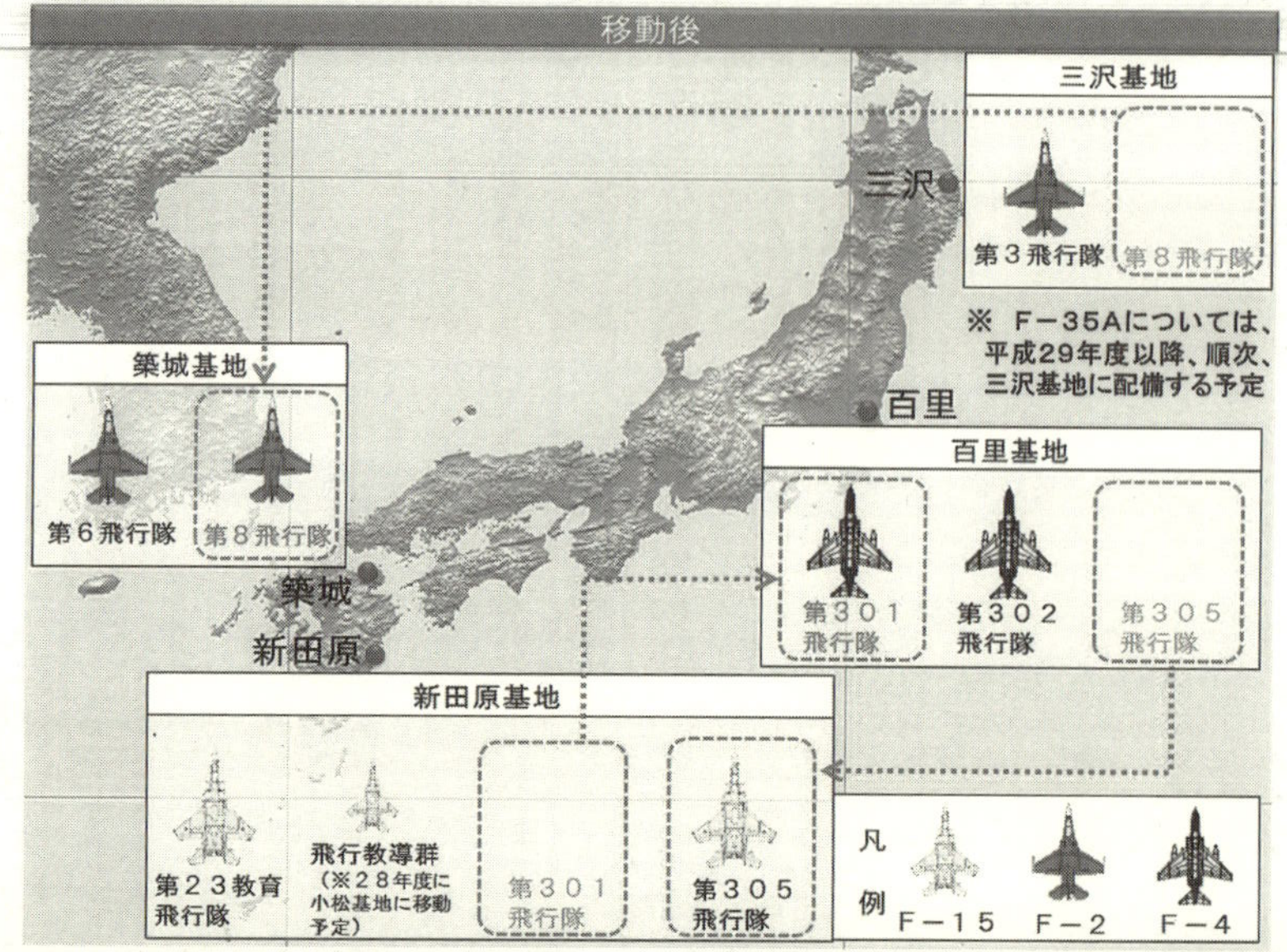

著者略歴

小西 誠（こにし まこと）

1949 年、宮崎県生まれ。航空自衛隊生徒隊第 10 期生。

軍事ジャーナリト・社会批評社代表。2004 年から「自衛官人権ホットライン」事務局長。

著書に『反戦自衛官』（合同出版）、『自衛隊の対テロ作戦』『ネコでもわかる？ 有事法制』『現代革命と軍隊』（マルクス主義軍事論第 2 巻）『自衛隊 そのトランスフォーメーション』『日米安保再編と沖縄』『自衛隊 この国営ブラック企業』（以上、社会批評社）などの軍事関係書多数。

また、『サイパン & テニアン戦跡完全ガイド』『グアム戦跡完全ガイド』『本土決戦 戦跡ガイド（part1）』『シンガポール戦跡ガイド』『フィリピン戦跡ガイド』（以上、社会批評社）の戦跡シリーズ他。

●オキナワ島嶼《しょ》戦争
―― 自衛隊の海峡封鎖作戦

2016 年 12 月 10 日 第 1 刷発行
定 価 （本体 1800 円＋税）
著 者 小西 誠
装 幀 根津進司
発 行 株式会社 社会批評社
東京都中野区大和町 1-12-10 小西ビル
電話／ 03-3310-0681 FAX ／ 03-3310-6561
郵便振替／ 00160-0-161276
U R L http://www.maroon.dti.ne.jp/shakai/
E-mail shakai@mail3.alpha-net.ne.jp
印 刷 シナノ書籍印刷株式会社

著者の最新軍事問題著作

●日米安保再編と沖縄　小西誠著　本体 1600 円

アメリカ海兵隊の撤退の必然性を説く。普天間基地問題で揺らぐ日米安保態勢――その背景の日米軍事同盟と自衛隊の南西重視戦略を暴く。陸自教範『野外令』の改定を通した、先島諸島などへの自衛隊配備問題を分析。2010 年発売。

●自衛隊そのトランスフォーメーション　小西誠著　本体 1800 円

――対テロ・ゲリラ・コマンドウ作戦への再編

対中抑止戦略のもと、北方重視から西方重視――南西重視戦略に転換する自衛隊の全貌をいち早く分析。先島諸島への自衛隊配備問題を予見。新『野外令』の島嶼防衛戦を紹介。2006 年発売。

●自衛隊　この国営ブラック企業　小西誠著　本体 1700 円

――隊内からの辞めたい　死にたいという悲鳴

パワハラ・いじめが蔓延する中、多数の現役自衛官たちから届く辞めたい、死にたいという悲鳴。「自衛官人権ホットライン」事務局長として著者は、全国からの隊員たちの心の相談に耳を傾ける。この本は、その相談の記録である。2014 年発売。

●フィリピン戦跡ガイド　小西誠著　本体 1800 円

――戦争犠牲者への追悼の旅

中国を上回る約 50 万人の戦死者を出したフィリピンでの戦争――ルソン島のバターン半島からリンガエン湾、中部のバレテ峠、そして南部のバタンガス州リパほか、コレヒドール島など、各地の戦争と占領・住民虐殺の現場を歩く。写真 250 枚掲載。2016 年発売。

●シンガポール戦跡ガイド　小西誠著　本体 1600 円

――「昭南島」を知っていますか？

大検証（粛正）で約 5 万人が殺害された日本軍占領下のシンガポール、その戦争と占領の傷痕を歩く。観光コースではない、戦争の跡を歩いてみませんか？　2014 年発売。

＊アジア太平洋戦地域の戦跡シリーズ　小西誠著　各巻本体 1600 円

・サイパン ＆ テニアン戦跡完全ガイド
・グアム戦跡完全ガイド
・本土決戦戦跡ガイド（part1）
